Martin Limbeck

Warum keiner will, dass du nach oben kommst …

Martin Limbeck

Warum keiner will, dass du nach oben kommst …

… und wie ich es trotzdem geschafft habe

REDLINE | VERLAG

Bibliografische Information der Deutschen Nationalbibliothek:
Die Deutsche Nationalbibliothek verzeichnet diese Publikation in der Deutschen National-
bibliografie; detaillierte bibliografische Daten sind im Internet über **http://d-nb.de** abrufbar.

Für Fragen und Anregungen:
limbeck@redline-verlag.de

1. Auflage 2014

© 2014 by Redline Verlag, ein Imprint der Münchner Verlagsgruppe GmbH,
Nymphenburger Straße 86
D-80636 München
Tel.: 089 651285-0
Fax: 089 652096

Redaktion: Ulrike Kroneck, Melle-Buer
Umschlaggestaltung: Melanie Melzer, München
Umschlagabbildung: Nils Schwarz
Satz: Buch-Werkstatt GmbH, Bad Aibling
Druck: CPI books GmbH, Leck
Printed in Germany

ISBN Print 978-3-86881-235-0
ISBN E-Book (PDF) 978-3-86414-353-3
ISBN E-Book (EPUB, Mobi) 978-3-86414-448-6

Weitere Informationen zum Verlag finden Sie unter

www.redline-verlag.de

Beachten Sie auch unsere weiteren Imprints unter
www.muenchner-verlagsgruppe.de

Inhalt

Geleitwort von Walter Kohl

Martin Limbeck und ich lernten uns zufällig am Rande einer Veranstaltung in Kloster Eberbach kennen (wenn es denn solche Zufälle gibt) und kamen ins Gespräch. Daraus entwickelte sich ein Dialog, der eine wesentliche Erfahrung meines Lebens bestätigte: Egal, wo du herkommst, egal, was du tust oder wer du bist, es gibt einige Fragen und Themen die uns alle irgendwann einholen oder beschäftigen. Es bringt nichts vor ihnen davonzulaufen. Habe Mut, stelle dich diesen Themen und finde deine eigenen Antworten!

Martin Limbeck ist heute ein erfolgreicher Verkaufstrainer, ein Power-Selling-Spezialist. So kennt ihn das Publikum. Aber das war nicht immer so. Hinter diesem Erfolg steckt ein Mensch, der einen langen Weg mit vielen Höhen aber auch mit manchen Irrungen und Wirrungen gegangen ist. Ein Mensch, der seinen Weg finden musste und der diesen nun weiter gehen will und wird.

Dieses Buch ist seine Art der Selbstreflexion in der das Äußere, die Fähigkeit zu verkaufen und das Innere, die eigenen Fragen, Unsicherheiten aber auch die Suche nach persönlichen Antworten, zu einem Text werden. Erkenne dich selbst! Diese alte Forderung des Orakels von Delphi aus der griechischen Mythologie gilt auch – und vielleicht besonders – für Verkäufer.

Egal ob es um Dinge wie Herkunft, Disziplin oder den Umgang mit realer oder gefühlter Überforderung geht, Martin Limbeck scheut sich nicht auch solche schwierigen Themen und seine damit verbundenen persönlichen Erfahrungen in der ihm eigenen Direktheit anzusprechen. Das macht dieses Buch anregend und interessant.

Es erlaubt einen Blick hinter die Kulissen seines Lebens zu werfen. Martin Limbeck möchte Menschen inspirieren und ermutigen sich selbst zu werden, an ihren eigenen Erfolg zu glauben und daran konsequent und nachhaltig zu arbeiten. Dazu stellt er seine Erfahrungen und seine Biographie zur Verfügung. Er ist überzeugt: Wer viel und intensiv sät, wer sich immer wieder hinterfragt und innerlich auf den Prüfstand stellt, der wird auch ernten. Diese Überzeugung zieht sich wie ein roter Faden durch sein Buch. Herausgekommen ist ein im Inhalt konservatives Buch in modernem Kleid und somit eine spannende Lektüre.

Viel Spaß beim Lesen und Nachdenken!
Walter Kohl

Vorwort – You live, you learn

You live you learn
You love you learn
You cry you learn
You lose you learn
You bleed you learn
You scream you learn

(Alanis Morissette)

Früher hat der Limbeck das Blei in die Forelle gesteckt … Warte, das mit dem Blei erzähl ich gleich noch genauer. Ich sag jetzt nur: Du glaubst nicht, was ich früher für einen Scheiß angestellt habe. Wie blöd war das denn? Heute lach ich drüber!

Und was ich mir alles habe gefallen lassen! Ich war der Depp für alle. Der Fußabstreifer aus Essen. Der rothaarige Doofi aus dem Kohlenpott, der kein Fettnäpfchen auslässt.

Ständig habe ich eingesteckt. Und ja, schon klar, ich habe auch ständig ausgeteilt. Auch ohne es bewusst zu wollen. Mir passiert es heute noch ständig, dass ich Leuten unabsichtlich auf die Fußspitzen latsche. Da sag ich was Unbedachtes auf der Bühne, oder ich lass einen Spruch auf Facebook ab, einfach weil ich mich des Lebens freue – und schon prasselt ein herrlicher Shitstorm auf mich nieder, dass du glaubst, du wirst nie wieder sauber.

Es gab in meinem Leben so vieles, was unrund gelaufen ist. Heute weiß ich woran das lag: Ich war selber unrund, eckig, kantig. Wenn

9

du so bist, eckst du dauernd an. Zwangsläufig. Du bekommst ständig Kontra. Einverstanden?

Und weißt du was? Das ist gut so! Es war alles gut so, wie es war! Glaub nicht, du kannst ein Original sein und alle heißen dich mit offenen Armen willkommen! So läuft das nicht. Wenn du nach oben willst, gibt es da draußen eine Million Menschen, die das verhindern wollen.

Vielleicht ist das der Grund, warum du heute noch nicht da bist, wo du hinwillst: Dein Leben leistet dir erbitterten Widerstand. Es schickt dir Leute, die dir Schwierigkeiten machen und du bist in hundert Grabenkämpfe verstrickt. Vielleicht will das Geld nicht zu dir hinfließen oder nicht bei dir bleiben. Vielleicht findest du einfach nicht den Beruf, der dich erfüllt. Vielleicht ärgerst du dich mit deinen Lebenspartnern rum. Vielleicht hast du dir deine Gesundheit ruiniert. Ich kann's ja nicht wissen. Ich weiß nur eins: Jeder Mensch auf diesem Planeten möchte fünf Dinge: eine glückliche Liebesbeziehung, gute Freunde, Gesundheit, den richtigen Job und ausreichend Geld. Ich bitte die Leute immer, die Hand zu heben, wenn alle fünf Bereiche gleichzeitig top sind. Und ich sag dir eins: Ich habe noch nie, nie, nie eine einzige Hand gesehen!

Obwohl: Ein einziges Mal war das anders. Das war in Potsdam bei einem Vortrag bei einer Versicherungsgesellschaft. Zwar hat auf meine Frage niemand die Hand gehoben, aber hinterher kam eine Frau so um die 60 auf mich zu und sprach mich sehr freundlich an. Sie habe meinen Vortrag nicht ruinieren wollen, drum habe sie sich nicht gemeldet. Sie habe vor drei Jahren die Diagnose Krebs bekommen. Die Chemotherapie habe sie gerade so überlebt. Seitdem sei sie in allen fünf Bereichen total zufrieden. Dabei strahlte sie mich an. Großartig! Fantastische Einstellung, ich hätte sie umarmen können! – Aber das war in all den Jahren die einzige Ausnahme.

Die einen streben nach der finanziellen Freiheit und versemmeln darüber ihr Beziehung oder ruinieren sich ihre Gesundheit. Die nächsten investieren alles in ihre Beziehung und haben irgendwann keine Freunde mehr. Die anderen sind topfit, aber kirchenmausarm.

Ich habe noch nie einen gesehen, der ganz oben ist.

Warum? Weil keiner will, dass du nach oben kommst!

Nein, ich bin nicht paranoid! Und ich jammer auch nicht. Im Gegenteil: Heute bin ich über jeden einzelnen der tausend Kämpfe, die ich in meinem Leben gekämpft habe, einfach nur froh. Ich weiß heute: Jede einzelne Niederlage war für etwas gut. Es werden ganz sicher noch einige dazu kommen. Und auch die werden wieder gute Lehrer sein. Im Leben bekommst du immer alles wieder zurück – bad or good. Merk dir eins: Alles ist gut, so wie es ist! Auch wenn du es manchmal erst viel später verstehst.

Denn jedesmal, wenn mir was um die Ohren geflogen ist, jedesmal, wenn das Leben mir einen Tritt in die Weichteile verpasst hat, jedesmal, wenn ich Mist gebaut habe, jedesmal habe ich etwas gelernt. Jeder Kampf hat mich ein kleines bisschen verwandelt. Ich bin heute immer noch der Limbeck, klar – aber gleichzeitig bin ich auch ein vollkommen anderer Mensch geworden. Weißt, was ich meine? Mir und anderen habe ich nie was geschenkt. Und deshalb war meine Lernkurve auch so steil.

Was die fünf Lebensbereiche angeht: Ich war in allen fünfen schon ganz unten. Körper: Ich war dick und hässlich, saft- und kraftlos. Frauen: Ach du lieber Himmel! Freunde: Enttäuschungen ohne Ende. Geld: Alle hatten eine Zündapp – ich fuhr eine blöde Honda Camino, mehr war nicht drin. Job: Die beschissenste Lehre aller Zeiten hab wohl ich gemacht.

Heute? Heute gewinne ich einen Boxkampf – und das schüttelst du dir nicht aus dem Ärmel, das verrat ich dir! Heute halte ich eine Traumfrau in den Armen. Heute habe ich Freunde, auf die ich zählen kann. Heute lebe ich in einer Villa und vor der Tür steht … oh, ja, ich weiß, das ist heute kein Statussymbol mehr. Ein Tesla wäre cooler. Aber hey, ich habe mir mein Leben lang einen Porsche gewünscht, und jetzt habe ich zwei. Gönn es mir!

Heute arbeite ich jeden Tag acht Stunden – an den meisten Tagen gleich zweimal hintereinander, weil's so schön ist. Und an den Wochenenden natürlich auch. Nicht weil ich muss. Nicht weil ich ein durchgeknallter Getriebener bin, was mir so manche nachsagen. Nein, freiwillig! Weil ich heute meinen Traumjob lebe. Heute passieren mir Sachen, das ist einfach nur geil.

Zum Beispiel: Ich wollte unbedingt mal mit meinem Lieblingstrainer quatschen. Das würde mir viel bedeuten. Er war damals noch bei der Eintracht: Armin Veh. Ich fand einfach stark, wie er die Mannschaft führte. Mit Humor, lässig, aber auch extrem professionell. Und er sorgte dafür, dass die Jungs auf dem Platz ihren Job machten. Aber klar: Der steht in der Öffentlichkeit, an den kommst du nicht so einfach ran. Und was passiert? Ich gehe zu meinem Lieblingsitaliener rein und das sitzt der Veh, zusammen mit seinem Co-Trainer Reiner Geyer. Aha, denke ich, das will das Leben mir schenken. Danke, sag ich und geh zu den beiden hin und rede mit ihnen. Und jetzt sind die sogar total nett, super Typen. Mit beiden bin ich noch in Kontakt. Reiner Geyer hat für mich organisiert, dass mein Sohn Chris bei einem Heimspiel am Spielertunnel Spalier stehen durfte – geiles Erlebnis! – Ja, das ist eine Kleinigkeit. Für dich vielleicht. Und ja, das ist Zufall, logisch. Es ist mir zugefallen. Andauernd passiert mir so was. Und ob du mir das jetzt abnimmst oder nicht: Das ist mir nicht zufällig zugefallen, sondern deshalb, weil ich im Laufe der Jahre meine Einstellung dem Leben gegenüber komplett verändert habe. Du bekommst im Leben immer zurück, was du ausstrahlst. Ich kann's nicht oft genug predigen.

Früher war ich in mir drin das Opfer. Also hat mich das Leben verprügelt. Früher fand ich mich hässlich, also hat sich das Leben von seiner hässlichen Seite gezeigt. Heute bin ich in mir drin ein Gewinner. Also beschenkt mich das Leben reich. Früher ist mir nie so was Schönes in den Schoß gefallen, wie's mir heute fast jede Woche passiert. Heute komme ich in einen Raum und ich merke, dass die Leute merken, dass ich da bin. Du kennst das, oder? Manchmal beginnt ein Raum zu leuchten, wenn einer kommt, manchmal wird's heller, wenn einer geht. Ich erinnere mich noch gut daran, wie ich mich gefühlt habe, als kein Mensch von mir Notiz genommen hat, außer wenn ich gehänselt werden sollte. Ob ich im Raum war oder nicht – interessierte keinen. Heute falle ich auf, egal wo ich hinkomme. Im Ernst: Wenn ich irgendwo reinkomme, geht ein Kronleuchter an. So jedenfalls bekomme ich es immer wieder berichtet. Warum ist das so? – Wegen meiner Ausstrahlung. Und woher kommt die? Von innen, von meiner Einstellung. Und woher kommt die? Weil keiner wollte, dass ich nach oben komme – und ich es trotzdem geschafft habe! Jeder Mensch ist, was er erlebt hat. Wenn du wissen willst, wie ich nach oben gekommen bin: Meine Geschichte verrät es dir.

Ich erzähle sie dir in diesem Buch.

Und ganz sicher erkennst du dich selbst an der einen oder anderen Stelle wieder. Dieses Buch hat einen ganz bestimmten Zweck. Es ist ein Mutmacher für dich:

Ich will, dass du deinen eigenen Weg gehst, egal wer das verhindern will!

Königstein, im Sommer 2014

Martin Limbeck

1.　Rote Karten

Eins vorneweg: Ich hatte keine schlechte Kindheit. Auf meine Eltern lasse ich nichts kommen. Wenn ich dir von meinen frühen Erinnerungen erzähle, dann erzähle ich dir, wie es sich für mich angefühlt hat. Das sagt aber nichts darüber aus, ob meine Eltern einen guten Job gemacht haben. Das ist nicht das Thema. Ich liebe meine Eltern über alles und ich habe sie heute, so oft es geht, um mich. Familie ist für mich mit eine der wichtigsten Sachen überhaupt.

Und trotzdem ging's mir oft beschissen, damals auf dem Campingplatz, auf dem ich aufgewachsen bin.

Ich war Mamas Liebling, der jüngste von dreien. Meinen Vater habe ich als Kind eher als sachlich und wenig emotional erlebt. Außerdem war er viel unterwegs. Meine Mutter kompensierte das, indem sie mich doppelt betüddelte. Mein Bruder ist zehn Jahre älter als ich, meine Schwester sechs Jahre älter. Weil wir so weit auseinander waren, waren wir nicht so eng. Meine Schwester musste oft auf mich aufpassen, als ich noch klein war. Das hat sie gehasst. Wir haben oft gestritten, sie war mir körperlich natürlich überlegen. Einmal hat sie mir mit der Metallbürste volle Breitseite auf den nackten Rücken gehauen, sodass ich ausah wie ein Anfänger im Fakir-Club nach dem ersten Training. Kuschelig war's meistens nicht bei uns zuhause …

Überhaupt habe ich ständig was abbekommen. In der Clique war ich auf mich allein gestellt, ich hatte weder einen großen Bruder, der war ja schon zu alt, noch einen besten Freund, mit dem ich mich verbünden konnte. Warum ich keinen Freund hatte? Weil ich rote Haare hatte, pummelig und pickelig war. Und weil ich selber die pummeligen und pickeligen Rothaarigen nicht als Freunde haben wollte. Ich wollte nicht zu den Außenseitern gehören. Ich hatte aber nun mal die Außenseiterkarte gezogen. Schlechte Konstellation!

Ich wurde gehänselt von früh bis spät. »Karlsson vom Dach« riefen sie mich. Und wenn auf dem Campingplatz was angestellt wurde, wenn was kaputt ging oder es Beschwerden gab … der Limbeck war's!

Hans-Jochen war einer der Anführer. – Ach, übrigens, kleine Unterbrechung: Wenn ich dir in diesem Buch Geschichten erzähle, dann sind das wahre Geschichten. Das Einzige, was nicht an ihnen stimmt, sind die Namen. Ich haue hier doch niemanden in die Pfanne, einverstanden? Ich lasse also grundsätzlich die Nachnamen weg und erfinde neue Vornamen. Außer bei bekannten Persönlichkeiten natürlich.

Also, Hans-Jochen, der in Wahrheit ganz anders hieß, hielt mich als seinen persönlichen Trottel und Vorzeige-Sündenbock. Einmal haben wir morgens um Fünf die Minigolfbahn demoliert und Teile ins Wasser des Sees geworfen. Klar, ich hab mitgemacht. Ich war eben auch bockig und krawallig, irgendwo musste ich ja meinen Frust abbauen. Aber der Hans-Jochen war auch mit dabei. Als der Polizist, der auch auf dem Campingplatz einen Wohnwagen hatte, uns am Schlafittchen unseren Eltern vorführte, da hatte der Vater von Hans-Jochen schon so verinnerlicht, dass ich der Depp des Campingplatzes war, dass er mir glatt eine gescheuert hat.

Gottseidank war mein Vater damals da und ist dazwischengegangen: »Wenn hier einer meinem Sohn eine scheuert, dann bin ich das!« – Du glaubst nicht, wie wichtig mir dieser Satz war! Denn natürlich wollte ich genau das: Dass mein Vater mir Grenzen setzt.

Auch wenn es sicher nicht stimmt: Gefühlt war er kaum da. Er war selbstständig und dauernd auf Reisen. Abends um halb acht kam er aus dem Büro, dann gab's Abendessen, dann Tagesschau, dann ab ins Bett. Mal mit ihm reden, mal was mit ihm unternehmen … eigentlich hatte ich damals nichts von ihm. Jedenfalls fühlte es sich damals so für mich an.

Er war ein Einzelgänger und Außenseiter. Auf dem Campingplatz musst du gesellig sein, um dazuzugehören, da gab's ständig Party überall. Mein Vater hat sich rausgehalten und kaum Alkohol getrunken. Höchstens mal ein Bier. Aber auf dem Campingplatz waren ja alle jedes Wochenende besoffen. Mit einem Bier bist du da außen vor.

Ich bin dann konsequenterweise auch Einzelgänger und Außenseiter geworden – eben in meiner Altersgruppe. Obwohl ich gern was anderes wollte. Gespielt habe ich zuhause alleine: Ich konnte stundenlang Städte und Flugplätze aus Lego bauen. Abends haben wir dann Fernsehen geschaut. Samstags kam nach dem Wort zum Sonntag immer noch ein Western. Jeder durfte den gucken, auch die Jungs aus meiner Clique würden am Sonntag davon erzählen. Ich war der Einzige, der ins Bett musste. Und als ich aus irgendeinem Grund an einem Samstag doch mal für den Western aufbleiben durfte, bin ich nach fünf Minuten eingeschlafen. Das war typisch.

Auf verlorenem Posten

In der Schule waren viele Türken. Einer von ihnen hieß Erkan und war der Chef, weil er der Stärkste war. Er hat mich regelmäßig schön verprügelt. Ein Grund ließ sich immer finden. War wohl gut für sein Ego. Was ich damals so pro Woche auf die Fresse bekommen habe, ist schon der Hammer. Einmal bin ich in meiner Rolle als Spielzeug der Nachbarsjungen mit dem Rücken in das Schaufenster eines Blumenladens geflogen. Ich hätte mir alles zerschneiden können, ich hätte tot sein können.

Klar, das gibt's heute alles auch noch. So wie ich das mitbekomme, werden heute solche Kids, wie wir es waren, reihenweise vom Jugendamt aus dem Verkehr gezogen und in Obhut genommen, wegen Kindeswohlgefährdung und so. Damals war das einfach so, keiner zuckte mit den Augenbrauen.

Auch wenn mein sprunghaft steigender Testosteronspiegel etwas anderes forderte: Die Mädels wollten rein gar nichts von mir. Ich war Luft für sie. Ich war aber auch ein Arsch: Weil mein Selbstvertrauen vom Format Ameise war, ließ ich meine Wut an den Mädels aus. Auch eine Form von Kontaktaufnahme ... Ich hänselte sie und legte mich sogar mit ihnen an. Wie armselig war das denn! Mein Vater, unser Familien-Außenminister, musste oft in die Schule deswegen. Ein Verhalten wie ein Loser hatte ich ... das war korrekt, ich war ja auch ein Loser.

Loser klauen zum Beispiel. Und ich klaute. In einem kleinen Laden auf dem Land gab es Gartengeräte, Blumen, Angelzeug und so weiter. Hans-Jochen hatte einen Heidenspaß dabei, mich anzustiften. Und ich machte natürlich brav mit, weil ich dazugehören wollte. Ich klaute irgendwelches Zeugs und stopfte es in meine Angelstiefel. Und wurde prompt erwischt und von der Polizei nach Hause gebracht. Nicht mal klauen konnte ich richtig. Drum ließ ich es auch seitdem lieber bleiben.

Und kicken konnte ich auch nicht. Das ist schlimm, wenn du im Pott aufwächst! Unsere Gesamtschule war auf Schalke, direkt neben dem Parkstadion, das heute teilweise abgerissen ist und nur noch als Trainingsplatz dient. Damals war das unser Tempel. Fußball ist im Ruhrgebiet bekanntlich so eine Art Religion. In jeder freien Minute wurde mit dem Tennisball Straßenfußballgottesdienst abgehalten. Und natürlich: Jedesmal durften die stärksten beiden Spieler sich ihre Mannschaften wählen, immer abwechselnd. Selbstredend, dass ich immer als Letzter gewählt wurde. Was heißt »gewählt« – ich blieb eben übrig. Scheißgefühl!

Auch die meisten Lehrer behandelten mich wie Dreck. Meine Mathe-lehrerin ist freitags immer mit uns zum Mittagessen in die Mensa ge-gangen. Da gab es Hähnchen. Zuhause haben wir die mit der Hand gegessen. Aber die Mathe-Lady bestand darauf, dass ich das Vieh mit Messer und Gabel essen sollte. Ich konnte das nicht. Also habe ich mal wieder Ärger bekommen. Oder besser gesagt: Meine Eltern ha-ben Ärger bekommen. Als ob die Qualität der Erziehung davon ab-hängen würde, ob die Kinder den Knigge draufhaben oder nicht!

Mein Vater, mal wieder auf diplomatischer Mission, setzte dann nach einem Gipfeltreffen durch, dass ich auch in der Schule wie zu-hause mit den Fingern essen durfte, wenn es Hähnchen gab. Was für ein blödes Affentheater!

Der Doktor Musiklehrer war so ein Clown mit kariertem Sakko und Fliege. So ein Typ, der mit vierzig noch zuhause bei Mama wohnt. (Wenn du so ein Typ bist, der mit vierzig noch zuhause bei Mama wohnt: Zieh aus, verdammt!) Eines Tages musste ich nach vorne zum Vorsingen. Meine Hypothek war, dass ja sowohl mein Bruder als auch meine Schwester sehr musikalisch waren. Das half mir nur kein bisschen: Das Vorsingen ging total in die Hose. Und der Dok-tor hatte sein Ziel erreicht. Das Schlimmste war sein mitleidiger Ton: »Ach, Martin, setz dich wieder hin. Du bist halt unmusikalisch. Das ist halt so … «

So entstehen Glaubenssätze. »Du bist halt unmusikalisch!« Tref-fer. Versenkt. Ich habe das verinnerlicht und glaubte tatsächlich fast mein ganzes Leben lang, dass ich unmusikalisch sei. Nur weil so ein schlechter Lehrer sich seiner Verantwortung nicht bewusst war und es nötig hatte, einen schwachen Schüler noch schwächer zu machen.

Ganz ähnlich machte das unser Deutschlehrer, ein Typ mit langen

Haaren und Schnurrbart. Er war unser Klassenlehrer und glaubte damit, die Hoheit über unseren weiteren Lebensweg zu haben. Einmal bestellte er meinen Vater ein, weil ich schlechte Noten hatte. Er sagte: »Herr Limbeck, aus Ihrem Früchtchen wird NIE was werden!«

Hammer! Überleg mal, wie aggressiv und wie gehässig. Was musst du für ein armes kleines Würstchen sein, wie wenig muss aus dir geworden sein, um einen völlig verunsicherten Jungen in der Pubertät dermaßen zu demütigen!

Und weil ein guter Teil der Lehrer ihre Schuhe auf mir abstreiften, hatte ich natürlich auch überhaupt kein Standing in der Klasse. So funktioniert Führung – auch im Negativen.

Einer der Jungs sagte mal zu mir: »Du schaffst es nie, ein Toastbrot zu essen, wenn ich es festhalte.« – Ich sah kein Problem und hielt die Wette, doof wie ich war. Es bildete sich ein Ring aus feixenden Jungs um uns, der Typ drehte sich rum, zog seine Hose runter und steckte sich die Scheibe Toastbrot in den nackten Arsch: »Friss, Limbeck!«

Jetzt weißt du, was damals meine gesellschaftliche Rolle war.

Einen der Jungs auf dem Campingplatz bewunderte ich: Florian! Sein Vater hatte ein eigenes Geschäft, Kohle und Öl, dementsprechend hatte Florian Geld im Kreuz. Er hatte alles, was ich haben wollte. Und er sah gut aus, so ein Typ Mick Jagger. Kein Wunder, dass er das schönste Mädchen von allen hatte. Er war der Leader. Er war der Tonangeber. Er hatte die coolste Lederjacke. Er fuhr eine 80er Chopper. – Und ich lebte im Wohnwagen und hatte noch nie ein Mädel angefasst.

Florian war dort, wo ich hinwollte. Aber er war mir meilenweit voraus. Ich habe mich ihm gegenüber so minderwertig gefühlt. Trotzdem suchte ich seine Nähe. Oder gerade deswegen. Einmal, als ich bei ihm war, gab er vor, plötzlich wegzumüssen. Er ließ mich allein mit seiner Model-Freundin. Das Herz klopfte mir bis zum Hals und bis in den Schritt. Sie setzte sich zu mir auf die Couch und begann mich anzumachen. Ich merkte schon, dass da was nicht stimmte. Aber sie sah so unglaublich lecker aus. Und sie roch so gut. Oh mein Gott! Mein Kopf stellte die Arbeit ein und ließ den Rolladen runter. Die Nervenimpulse zuckten durch den Körper, aber kamen bei den Muskeln nicht mehr an: Ich konnte mich nicht mehr bewegen. Mein Sprachzentrum war auch gelähmt. Ich war völlig überfordert. Da kam Florian zurück und die beiden lachten mich aus. Sehr lustig …

Einmal war ich ganz nahe dran am Honigtopf, es gab da nämlich Yvonne. Sie war nicht von einem anderen Stern wie die Freundin von Florian, aber sie war sehr nett. Die mochte ich. Und ganz offenbar mochte sie mich auch ein bisschen. Es war das erste Mädel überhaupt, das mich wahrnahm. Doch dann kam Axel, auch einer von den Sportlichen, und schnappte sie mir weg. Bei Yvonne war ich nur zweiter Sieger. Und das heißt: erster Verlierer. Damals begann ich das Verlieren wirklich zu hassen. Wenn du den späteren Vollgas-Limbeck verstehen willst, hier ist der Schlüssel.

So in etwa fühlte sich das alles an damals. Eine Welt, in der du jeden Tag einmal irgendwo die Rote Karte gezeigt bekommst: Du bist draußen. Du darfst nicht mitspielen. Du musst vorzeitig zum Duschen. – Da komme ich her.

Ein Nachhilfelehrer nahm mit uns mal *Nathan, der Weise* von Lessing durch. Da gibt es eine Stelle, wo Nathan zu seinem Freund sagt: »Kein Mensch muss müssen.« – Ha! Ich habe das gehasst. Ich habe die Schule gehasst, ich habe Deutsch gehasst, ich habe Lessing gehasst und am meisten gehasst habe ich das Gefühl, nichts zu dürfen im Leben, was ich wollte, und alles zu müssen, was ich nicht wollte. Der Limbeck ist offenbar wirklich der einzige Trottel unter der Sonne, der müssen muss! Dieser Abgrund zwischen Wollen und

Müssen war der Grund, warum ich mich jeden Tag wie ein Verlierer fühlte.

Auch wenn es hässlich ist, so was zu sagen: Ich hasste mein Leben! Und das Allerschlimmste: Ich hasste mich selbst. Dass das eine mit dem anderen zusammenhängt, ist mir heute auch klar.

Und nein, um es nochmal zu sagen: Ich hatte keine schlechte Kindheit. Da gibt's nichts zu lamentieren. Ich war lediglich ein Loser und das Leben sagte tausendmal Nein zu mir. Aus irgendeinem Grund, war ich nicht bereit, das zu akzeptieren. Das war mein eigentliches Problem.

Ersatzväter

Doch, doch, es gab auch Lichtblicke. Als ich zwölf war, kam ein Engel in mein Leben und entdeckte ein Talent in mir. Das war der Franz. Weil mein Vater kein Angler war, haben mich eben die anderen Erwachsenen mit an den See genommen. Franz hat mir die ersten Kniffe gezeigt – und das hat mich nicht mehr losgelassen. Angeln ist noch heute meine große Leidenschaft!

Als Jugendlicher mit 13 oder 14 bin ich oft morgens um 5 Uhr aufgestanden und bin raus ans Ufer und habe die Angeln ausgelegt. Samstags habe ich oft die ganze Nacht durchgefischt. Meine Mutter hat mir dann öfter mal Brote gebracht. Natürlich war das eine Art Flucht. Ich hatte beim Angeln einfach einen Zufluchtsort in mir drin gefunden, wo ich Frieden fand. Angeln ist meine Meditation. Noch heute ist das so.

Viele, die mich von der Bühne kennen, können das gar nicht glauben. Aber ich liebe die Ruhe und die Stille beim Angeln und ich kann da stundenlang sitzen und warten. Das ist so mit das Größte für mich. Und das verdanke ich Franz, den ich mir als so eine Art Ersatzvater ausgeguckt hatte.

Außerdem hatte ich plötzlich etwas, wo ich der Beste war! Der mit Abstand Beste. An einem Samstag fing ich 101 Rotaugen und zwölf Karpfen. Den Rekord am See für die größten und die meisten Karpfen halte ich noch heute. Damals holte ich mir meine ersten echten Erfolgserlebnisse. Gut in etwas sein! Zum ersten Mal gewinnen! Das Gefühl war so groß, so mächtig, damals habe ich Blut geleckt: Erfolg, gewinnen, Erster sein, das ist mein Ding!

Das Angeln hat mich damals, in der Welt der Roten Karten, absolut über Wasser gehalten. Ich weiß nicht, was aus mir geworden wäre, wenn ich diese eine Sache, in der ich der Beste war, nicht gehabt hätte. Wenn du selbst ein Kind hast oder kennst und du siehst bei ihm irgendein Talent – und sei es Papierfliegerfalten! – dann hab Ehrfurcht davor! Es ist wichtig …

Das Angeln gab mir auch eine ganz neue Richtung: Ich sonderte mich von der fiesen Clique ab und orientierte mich mehr an den Erwachsenen, besonders an dem Franz. Wenn Männer stundenlang gemeinsam etwas tun, Schulter an Schulter – und da brauchst du kein Wort reden – dann entstehen starke Bande zwischen ihnen. Das tat mir wahnsinnig gut. Er war ein emotionaler Anker für mich.

Da waren noch weitere Helden meiner Jugend – lauter Erwachsene. Mein Religionslehrer zum Beispiel. Der hatte das Herz am rechten Fleck. Zum Beispiel war er einer der Ersten, der angefangen hat, sich um AIDS-Kranke zu kümmern, damals in Duisburg. Bei ihm strengte ich mich an, Religion war darum mein bestes Fach. Zu ihm ging ich furchtbar gerne, denn den fand ich irgendwie cool. Noch eine Vaterfigur.

Wegen ihm bin ich dann eben auch Messdiener geworden – sehr wertvoll aus heutiger Sicht, denn so sammelte ich im Gottesdienst meine erste Bühnenerfahrung ... Außerdem gefiel es mir, die Uniform zu tragen. Das wertete mein Schrumpf-Ego nach außen ein wenig auf und fühlte sich an wie eine schützende Rüstung.

Im Umfeld meines Religionslehrers gab es auch eine Frau, die mir Kommunionsunterricht gab und mich später auf die Firmung vorbereitete. Bei ihr gab es immer Kakao und Kuchen und eine warme, liebevolle Atmosphäre. Ich habe das aufgesaugt!

Außerdem hatte sie eine hübsche, schlaue Tochter. Hinter der guckte ich dann später immer noch her – nur wollte die nie was von mir. Klar, ich war ja auch der dicke Karlsson mit den Sommersprossen.

Aber okay, jedenfalls war das Christentum, die Kirche und das ganze Drumherum für mich freundlich, friedlich, gutes Terrain. Hier war ich sicher und musste nicht ums Überleben kämpfen. Während ich mir in der Schule und nachmittags unter den Gleichaltrigen wie nackt und mit leeren Händen mitten in einer Stierkampfarena vorkam, waren die Kirche und das Angeln meine Schutzräume.

Und dass die hübsche Tochter nichts von mir wollte, ist nicht schlimm, denn die sieht heute so aus wie ich früher: Ich habe sie Jahre später mal wieder in Gelsenkirchen getroffen, da hätte ich sie allein von den Umrissen her kaum wiedererkannt: Karlsson in weiblich. Absolut nicht mein Typ – auch wenn das jetzt vielleicht ein wenig gehässig rüberkommt.

Mein Patenonkel war noch so ein Lichtblick. Der kam immer zum Geburtstag und zu Weihnachten und brachte die tollsten Geschenke mit: Chemiebaukasten, Mikroskop – die Jungs-Sachen eben. Er

war Steiger, Zeitungsausträger, Brötchenausträger … einer der flei-
ßigsten Menschen, die ich kenne. Der beeindruckte mich. Was der
so alles machte! Viel, viel, viel arbeiten und dabei trotzdem fröhlich
sein – ein wichtiges Vorbild für mich! Vor allem schnitzte er Spazier-
stöcke mit so kleinen Figuren dran. Der konnte was und redete nicht
bloß! Bei ihm war ich gerne.

Später, als ich nach Neu-Anspach in Hessen verschleppt worden war,
weil mein Vater in Frankfurt einen neuen Job gefunden hatte, kam
noch so ein wichtiger Erwachsener in meinen Kreis, ein richtig star-
ker Lehrer. Stark im wahrsten Sinne des Wortes: ein Bär von einem
Mann, zwei Meter groß, 110 Kilo schwer, Vollbart. Der mochte mich
irgendwie. Er unterrichtete das spannende Fach »Polytechnik«.
Und wie schon früher bei meinem alten Religionslehrer, so war es
auch hier: Ein guter Lehrer konnte mich stark motivieren. In seinem
Fach war ich gut. Er nahm mich aus irgendeinem Grund ein bisschen unter seine Fittiche.

Er hatte in der Nähe von Usingen, dem Nachbarort von Neu-Anspach, so ein kleines Wochenendhäuschen. Dorthin lud er mich öfter mal ein. Wir haben ein bisschen Zeit miteinander verbracht und
er hat mit mir geredet. Der Mann hat mir damals enorm den Rücken
gestärkt. Ich weiß genau, dass er es war, dem ich es verdanke, die
Mittlere Reife überhaupt geschafft zu haben, obwohl die Schule und
ich uns damals schon lange gekränkt den Rücken zugekehrt hatten.

In dieser Zeit kamen auch nach dem Angeln meine ersten paar weiteren Erfolge im Leben. Ich machte mit ungefähr 16 Jahren körperlich einen Riesensatz, war plötzlich nicht mehr pummelig. Ich verstand besser mit meinen Armen und Beinen umzugehen, wurde im
Handball plötzlich gut, spielte Basketball, wurde im Fußball besser
– und das ist einfach wichtig für einen Jungen! Ich war nirgendwo
der Beste, aber ich war eben auch nicht mehr die letzte Geige. Mein
Selbstvertrauen wuchs. Ich begann zu kämpfen. Der Ehrgeiz pack-

te mich. Die direkte Folge von all diesen neuen Entwicklungen war, dass ich die ersten richtigen Freunde fand. Mit 16!

Das ist eine wichtige Erkenntnis für mich: Sobald du anfängst dich anzustrengen, ein Ziel zu verfolgen, zu kämpfen, dich auf den Weg zu machen, sobald du anfängst Ehrgeiz zu entwickeln und erkennbar irgendetwas willst, ab diesem Moment wirst du attraktiv für andere Menschen. Plötzlich kannst du Freunde haben! – Und umgekehrt: Keiner schließt sich Losern an! Um Anschluss zu finden, musst du nicht unbedingt die Nummer eins sein. Aber du darfst eben nicht rumhängen. In dem Moment, in dem dein Wille erkennbar wird, etwas zu bewegen, etwas zu verändern, ab dem Moment sind plötzlich andere Menschen da und du bist attraktiv genug, um zumindest mal einen ersten kleinen Kreis von Freunden um dich zu scharen. Und das wiederum gibt dir Stärke zurück und hilft dir beim weiteren Wachsen.

Das war das erste Mal, damals, dass ich dieses Resonanzphänomen erlebte. Und es war nicht das letzte Mal.

Not born in the USA

In Westerfeld, einem Stadtteil von Neu-Anspach, gab es einen Gemeindeclub. Dort hing ich mit meinen neuen Kumpels ab. Das war so die Zeit von Motörhead – Ace of Spades, AC/DC – Highway to Hell, Iron Maiden – The Number of the Beast.

In dieser Zeit machte ich eine ganz neue Erfahrung, die schlicht mit meiner Körpergröße zusammenhing: Es traute sich auf einmal keiner mehr, auf mir rumzuhacken. Da war so ein Anflug von Respekt. Wow. Das fühlte sich gut an.

Und, logisch, war ich übermütig. Einer meiner Kumpels war der

Sohn eines Polizisten. Der war der Schlimmste von uns allen. Er stiftete uns zu jedem Blödsinn an. Und ich machte gerne mit. Gesoffen haben wir auch viel in der Zeit. Wir waren so ein bisschen eine Gang. Alle Jungs fuhren Zündapp. Nur ich nicht ... Weil meine Eltern sehr sparsam mit ihrem Geld umgingen, hatte ich für so was kein Budget. Uns fehlte es an nichts, aber bei so unnützen Dingen machten meine Eltern dicht: Mofa ist Mofa. Und deshalb hatte ich keine teure Zündapp Hai 25 wie meine Kumpels, sondern nur eine Honda. Ich war unter uns Jugendlichen eben in mancherlei Hinsicht hintendran.

Aber ich tunte das Ding natürlich: Luftfilter raus, anderen Zylinder und so. Das Teil war laut, lief ganz zügig und war einzigartig. Das passte zu meinem Image, das sich damals schon langsam herausbildete. Ein Mädel brachte es ziemlich gut auf den Punkt: »Mensch Martin, wenn alle eine schwarze Jacke haben, dann kaufst du dir ne grüne. Und wenn alle grüne Jacken haben, hast du ne schwarze!«

Genau.

Der Antrieb meinen eigenen Weg zu gehen, war gigantisch. Dafür nahm ich jeden Gegenwind in Kauf.

In Englisch war ich grottenschlecht – meine Lehrerin, eine noch unverdorbene Referendarin, gab mir einen grandiosen Tipp, der mich sofort überzeugte: »Martin, geh ein Jahr nach Amerika, sonst lernst du die Sprache nie!«

Mein Vater lehnte meinen Finanzierungsantrag glatt ab. Ich hatte schlechte Noten und kein Geld – Aber ich wäre heute nicht der, der ich bin, wenn ich dann gleich die Flinte ins Korn geworfen hätte. Wenn du einen dicken Karpfen aus dem Teich ziehen willst, brauchst du eben einen langen Atem.

Ich überlegte. 12.000 Mark. Scheiße. Wo nimmst du die bloß her?

Wem kann ich meinen Amerika-Aufenthalt verkaufen? Wer hat etwas davon, wenn ich da hinfahre? Irgendwann kam ich auf meine Oma. Die würde sich so für mich freuen, dass ihr das zwölf Mille wert wäre. Ich musste sie nur sauber als Sponsor akquirieren. Sie war eine hartnäckige Käuferin mit klugen Einwänden – aber es klappte! Danke, Oma!

Ich bereitete alles vor. Über den Vermieter meines Vaters kam ich an eine Lehrstelle, sodass ich nach meinem Highschool-Jahr direkt irgendwo anfangen konnte. Alles bestens.

Dann saß ich im Eignungstest der Organisation, die mich mitnehmen sollte. Natürlich hatte ich bei der Prüfung keine Sonne: Ich fiel durch. Der Prüfer schaute mich zuerst angewidert an: »Junger Mann, Ihr Englisch ist ja grauenhaft!« – Oh, Mist! Der Nächste, der sich mir in den Weg stellte.

»Wie wollen Sie denn in den USA einen Tag überleben mit so einem miserablen Englisch?«

Ich schaute ihn an und dachte: Nicht mit mir. Ich will da rüber und du Prüfer gehst jetzt aus dem Weg! – Ich erinnerte mich an die Argumentationsketten, die ich im Verkaufsgespräch mit meiner Oma gebraucht hatte. Ich wollte zum Abschluss kommen und sagte: »Deshalb will ich ja nach Amerika! Wenn ich schon gut Englisch könnte, müsste ich ja gar nicht hin!«

Hm. Das traf den Kern. Der Mann kaufte. Ich fuhr nach Amerika. Was mit einem losen Mundwerk alles möglich ist! Ich hatte gelernt, dass du im Leben nur etwas bekommst, wenn du gute Verkaufsgespräche führst. Mein Gefühl war: Yesss! Mit Amerika zeig ich's euch allen!

Aber die nächste kalte Dusche ließ nicht lang auf sich warten. Nichts

geht einfach glatt. Der Flug war schon scheiße. Gefühlte dreieinhalb-
tausend aufgeregte Kinder waren im Jumbo. Es dauerte ewig, ich
machte kein Auge zu. Wir landeten in JFK, Manhattan in Sichtweise.
Wow. Mir schlug das Herz bis zum Hals. »Einsatz in Manhattan«,
dachte ich. Ich sah mich mit Kojak durch die Straßenschluchten fahren. In meiner Fantasie vermischte sich Kojak mit Karl Malden und
Michael Douglas, die »Straßen von San Francisco« verliefen zwischen Wall Street und Central Park, die Cable Cars gondelten die
5th Avenue hinauf und die Freiheitsstatue stand mitten in der San
Francisco Bay. Die Bilder vom riesigen Amerika in meinem Kopf
machten mich ganz euphorisch. Ich wartete am Flughafen auf meine
Gasteltern.

Und wartete.

Und wartete.

Alle anderen Kids waren schon längst abgeholt, ich war der einzige
Trottel, der mutterseelenallein auf einem fremden Kontinent in einer Millionenstadt auf Menschen wartete, die er noch nie gesehen
hatte.

Irgendwann, nachdem ich Mofarocker kurz vor dem Heulen war
wie ein Grundschüler, wurde ich dann doch noch aufgelesen und
kam nach Roselle, New Jersey, in ein schönes amerikanisches Haus
mit Swimming Pool. Ich hatte ein eigenes Zimmer mit Wasserbett.
Geld war da, aber keine Herzlichkeit. Die Leute waren nicht gut
drauf, wir wurden nicht miteinander warm, sie stritten dauernd,
weil sie Eheprobleme hatten, es war halt wie immer scheiße, dachte ich.

Außerdem hatte ich sofort Heimweh. Manchmal verkrümelte ich
mich und heulte. Ja, es gab die R-Calls und ich konnte immer anrufen. Aber ich fühlte mich ganz schön verloren. Mehr als einmal spiel-

te ich den Gedanken durch, alles abzubrechen und wieder heimzu-
fliegen.

Aber wie gut, dass ich das nicht gemacht habe! Ich wäre als ewiger
Loser heimgekommen. Amerika war aber für mich von meinem Leben dazu gedacht, mich zum Gewinner zu machen!

Und weißt du was? Die Schule hat mich gerettet! So wie die Schule
in Deutschland versucht hat, mich kleinzukreigen, so hat die Schule in Amerika versucht, mich groß zu machen. Und hat es geschafft!

Ich war in der Class of 86, und kaum war ich da, kam schon nach
den ersten paar Tagen die Vertrauenslehrerin auf mich zu. Nicht etwa um mich fertigzumachen oder mich zu maßregeln. Ich konnte
den Kopf, den ich schon zwischen die Schultern gezogen hatte, ge-
trost wieder hochstrecken. Sie kam, um mich zu loben! Völlig neue
Erfahrung!

Sie sagte, meine ersten Tests seien hervorragend gewesen. »Your're
good!« Sie schlug mir vor, gleich ein Jahr zu überspringen und in
die Class of 85 zu gehen. Du brauchst nicht als Gastschüler hier sein,
meinte sie, du kannst den State-Test machen und dann ganz regulär
die High School machen, wie jeder andere Amerikaner auch. Sagte sie und schaute mich wohlwollend an. Kein Trick, keine versteck-
te Forderung, keine Falle. Du kannst in die Senior Class aufrücken,
wenn du willst!

Mann, war das geil! Ich konnte es kaum fassen. Ich war anerkannt,
ich war gut, ich war gewollt. Was war denn plötzlich los?

Gefühlt war das mein großer Durchbruch im Leben. Ich ging in die
Senior Class und bekam überall gute Noten. Lauter As und Bs. Meinen Report bekam ich viermal im Jahr und er war immer super. Mir
machte alles in der Schule tierisch Spaß. Jeden Tag zwei Stunden

Sport! Ich war einer der besten in Soccer. »Sweeper«, nannten sie mich. Derjenige, der vor der Abwehr aufräumt. Sweeper, the German! Ich spielte auch mit Begeisterung American Football, natürlich als Kicker. Und das läuft anders als bei uns. Wenn das High-School-Team am Wochenende spielt, dann im Stadion vor 1000 bis 2000 Zuschauern! Der Headcoach an unserer Schule, Lenny, war Football-Profi gewesen, er fand mich cool und förderte mich.

Das Verblüffendste für mich war: Ich wurde von ihm offen bevorzugt – aber es gab keinen Neid unter meinen Klassenkameraden oder im Football-Team. Alle freuten sich mit mir, dass ich gut war. Ich hatte einen absolut positiven Sonderstatus. Das gefiel mir! Genauso hatte ich es immer gewollt. Ich war der einzige Austausch-Schüler in der Schule und schon von daher interessant, ich war der Größte von allen, ich hatte eine extrem angesagte hochtoupierte Popperfrisur wie die Jungs von Alphville und Depeche Mode, ich war gut in Sport … die Girls standen total auf mich.

Nicht nur unter Gleichaltrigen hatte ich ein gutes Standing, auch bei den Erwachsenen kam ich gut an. Lenny, mein Trainer, hatte ein riesiges Grundstück in Bridgewater, Pennsylvania. Dort baute er sich ein Haus. Ich war oft mit ihm dort und packte mit an. Bei ihm lernte ich eine Menge über Amerika und wie das Leben hier funktionierte. Über seine Kontakte kam ich an jede Menge Jobs. Der Hausmeister unserer Schule heuerte mich zum Rasenmähen an. Jeden freien Nachmittag bis abends mähte ich Rasen für vier Dollar die Stunde. Es war eine echte Plackerei – und mir machte es wahnsinnig Spaß.

Im Winter lernte ich das für mich wichtigste Geheimnis des Reichtums. Es ging ums Schneeschippen. In Amerika gehst du als Jugendlicher morgens in eine gute Straße und suchst dir ein schönes Haus aus, um die Wege freizuschippen. Also gut dachte ich und wollte gerade zur Tür gehen, um zu klingeln und zu fragen, ob wir dem Herrn des Hauses einen Dienst erweisen könnten, indem wir seine Einfahrt vom Schnee befreien. Da hielt mich mein Freund Rich fest und schüttelte grinsend den Kopf: No, no. Das läuft hier anders. Pass auf!

Wir fingen einfach an zu schippen. Ohne zu fragen. Wir arbeiteten schnell und gründlich, die Einfahrt war schon fast frei, da erlebte ich ein Wunder: Der Hauseigentümer kam strahlend heraus, klopfte uns Jungs auf die Schultern, steckte jedem von uns einen üppigen Geldschein zu, machte noch ein bisschen Smalltalk, bedankte sich und verschwand wieder im Haus.

Aha, kapierte ich: **Erst schaufeln, dann scheffeln!**

Wenn du im Leben Geld verdienen willst, dann darfst du nicht zuerst nach der Belohnung fragen, sondern musst zuerst etwas leisten. Dann geht meistens alles von selbst. Das war eine der wichtigsten Lektionen in meinem Leben. Ich habe das seither immer beherzigt, egal was ich beruflich gemacht habe: Erst schaufeln! Und ich sag dir: Ich bin immer, immer, immer gut damit gefahren.

Wenn du es jemals zu etwas bringen willst: Fange nie mit deinen Ansprüchen an! Nie! Frage nie nach dem Lohn bevor du nicht ordentlich was geleistet hast! Meistens brauchst du dann gar nicht mehr fragen. Denn wer ist schon so blöd, einen Highperformer nicht gut zu bezahlen?

In Amerika machte ich unglaublich positive Erfahrungen: Alles war im Leben offenbar auch ganz leicht möglich, wenn die Konstellation passte. In Westfield gab es einen Deutschlandclub. Lustig. Innen sah es aus wie im Hofbräuhaus. Dort fanden immer wieder Skatturniere statt. Skat? Das konnte ich. Ich machte bei einem Turnier mit und war sofort voll drin in dem Club. Ganz ohne Kampf und Zickerei.

Alles in Amerika kam mir so viel offener, freundlicher, einfacher vor.

Das zeigte sich auch bei den Lehrern. Mein Geschichtslehrer war nicht in der Lage, eine einigermaßen korrekte Weltkarte zu malen. Ich konnte das besser. Und durfte es an der Tafel beweisen. Und weißt du was? Er schikanierte mich dafür nicht, sondern freute sich wie ein Schneekönig und gab mir ein A. Keiner aus der Klasse nannte mich dafür einen Streber, sondern alle bewunderten mich für meine Geographiekenntnise. In Deutschland unvorstellbar! Jedenfalls nach meiner Erfahrung.

Mein Englischlehrer war offen schwul und ein Tina-Turner-Fan. Der war lustig. Und keiner der Schüler hänselte ihn.

Unser Schulleiter war ein richtiger Sir, freundlich aber mit natürlicher Autorität. Eine coole Socke war das, immer mit Einstecktuch und Schlangenledermantaletten. Er fuhr auch ein geiles Auto, einen Ford Thunderbird mit Weißwandreifen. Aber hallo! Wir hatten alle Hochachtung vor ihm. Aber keiner fürchtete ihn.

Natürlich machten wir auch die üblichen verbotenen Sachen. Wir Kumpels besorgten uns gefälschte Ausweise und fuhren nach New York zum Saufen. In Amerika ist der Alkoholausschank unter 21 Jahren verboten. Außer in New York, da ging es damals auch mit 18. Darum hatte jeder knapp unter Achtzehnjährige gefälschte IDs und feierte jede Menge geiler Partys in New York. Wir rauchten Joints. Ich machte nebenbei heimlich den Führerschein, ohne dass es jemand mitbekam und lauter solches Zeugs. Alles schien möglich. Und nichts davon stempelte dich zum schlechten Menschen oder war moralisch verwerflich. Ich geb's zu: Wenn ich so was bei meinem eigenen Sohn heute mitbekommen würde, hätten weder er noch ich einen schönen Tag miteinander.

Bei meinem Freund Rich fand ich auch richtig Familienanschluss. Das waren ganz einfache Leute und so was von herzlich. Ich mit meiner Wohnwagen-Kindheit konnte da gut andocken. Rich war schon nach kurzer Zeit für mich wie ein Bruder. Ich habe noch heute Kontakt mit der ganzen Familie.

Klar, ich habe auch die Schattenseiten gesehen, es war nicht alles Friede, Freude, Eierkuchen. Ich musste aus der zerrütteten Gastfamilie raus und ein zweites Zuhause finden. Rich half mir dabei. Ich habe Armut und Rassismus erlebt und blöde Nazis getroffen, die Hitlers Geburtstag feierten und so ein Mist, etwas, was ich in Deutschland so nicht kannte. Aber das alles verblasste hinter meinen positiven Erfahrungen, unter denen ich aufblühte.

So war das: Ich war plötzlich wer, ich hatte Freunde, ich hatte Spaß, ich hatte Geld, ich hatte eine Perspektive. Am Ende der High-School bekam ich sogar ein Stipendium angeboten, weil eine Uni mich im Soccer-Team haben wollte.

Ich war so stolz!

Meine Eltern besuchten mich zur Abschlussfeier, die wie in den Staaten üblich im Football-Stadion gefeiert wurde. Das Jahr war rum – und plötzlich war der Traum zu Ende. Ich konnte nicht auf die Uni, denn das hätte trotz des Stipendiums und trotz Nebenjobs noch mehrere Tausend Dollar gekostet, und das hätte ich meinen Eltern nicht zumuten können.

Und außerdem hatte ich ja die Pflicht, meine Lehre vertragsgemäß anzutreten …

Martin, der Türsteher

Ich war immer noch derselbe Martin, aber ich kam trotzdem als ein völlig verwandelter Mensch nach Deutschland zurück. Ich hatte ein ganz anderes Selbstvertrauen. Amerika war für mich gute Erde, Dünger, Wasser und Sonnenschein gewesen. Vorher war ich ein Kümmerling gewesen, jetzt war ich eine starke Pflanze. Ich wollte weiter wachsen!

Und arbeiten! Erfolg haben! Ich war plötzlich so was von fleißig! Permanent hatte ich irgendwelche Nebenjobs. An einem Tag organisierte ich mir drei Jobs: Türsteher, Rasen mähen, Zaun streichen. Jeden Abend, jedes Wochenende arbeitete ich irgendwas. 3000 Mark Cash im Monat hatte ich. Es funktionierte, auch in Deutschland: Erst schaufeln, dann scheffeln.

Eins ist aber wahr: Charakterlich war ich noch nicht so ganz ausgereift. Schon früher, beim Wettangeln am Wolfssee hatte ich betrogen. Es ging darum, wer in einer bestimmten Zeit die meisten Kilo Forellen aus dem Teich zieht. Ich wollte unbedingt gewinnen. Also was machte ich? Ich stopfte jede Menge Grundblei in die gefangenen Fische. Grundblei, das sind kleine Gewichte, die beim Angeln benutzt werden, um Köder unter die Wasseroberfläche zu ziehen. Der ganze Angelclub war da und Martin Limbeck war der preisgekrönte Forellenangler. Höher, schneller, weiter, koste es, was es wolle … Heute schäme ich mich dafür. Wenn du dich auf der Gewinnerstraße siehst, kannst du leicht alles um dich herum vergessen, den Tunnelblick bekommen und nur noch das Siegertreppchen sehen. So zu gewinnen war nicht schön. Viel schöner ist, in einem fairen Wettstreit zu gewinnen. Aber ich hatte damals nicht das Gefühl, eine Wahl zu haben. Ich konnte einfach nicht verlieren. Ich war ganz offensichtlich nicht reif genug dafür, meine Persönlichkeit war noch irgendwie deformiert. Fairness war zwar schon immer durchaus ein hoher Wert für mich, auch damals. Aber zuerst kam das Gewinnen, dann erst die Fairness. Und genau genommen ist das dann keine Fairness, sondern ein Selbstbetrug.

Genauso hatte der König der Dopingsünder Lance Armstrong bestimmt nie das Gefühl eine Wahl zu haben, da bin ich sicher. Ihm ging es nicht darum zu betrügen, aber das Gewinnen war wichtiger: Lieber ein Betrüger als ein Verlierer sein. Es ist schlimm, wenn ein erwachsener Mensch nicht die Reife zum Verlieren besitzt. Bei solchen Erfolgsjunkies wie ich auch einer war – damals noch im Frühstadium – spielen solche »höheren Werte« aber einfach noch keine Rolle.

Da geht es nicht um Moral. Das ist auch keine Frage von Dummheit. Es ist nur ein sehr kleines Leben, die unterste Ebene des Lebens. Wichtig ist einfach nur das Überleben von Tag zu Tag.

Die positive Seite dieser Medaille ist, dass ich damals, nach meiner Rückkehr aus Amerika zwar noch nicht viel Selbstwertgefühl, aber dafür Selbstsicherheit hatte: Ich vertraute meiner Intuition, meinem natürlichen Instinkt, der situativ richtigen Reaktion, die mich im jeweiligen Moment überleben lässt. Ich dachte nie groß nach. Ich war Machen, Tun, Handeln. War voll in meinem Element, lebte im natürlichen Fluss mit dem, was gerade um mich herum passierte. Ich machte also genau das, wonach sich heute so viele Menschen zurücksehnen, das, was in Persönlichkeitsentwicklungsseminaren und in Lebenshilferatgebern gepredigt wird: Lebe ganz im Hier und Jetzt! Vertraue deinen Emotionen! Hör auf deine innere Stimme!

Kein Wunder, dass von den harten Jungs im Überlebensmodus so eine große Faszination ausgeht, dass sie in Form von Romanen und Hollywood-Filmen und Popmusik Millionen Menschen anziehen: Bruce Willis in »Die Hard«, Jason Statham in »The Transporter«, Matt Damon in »The Bourne Supremacy«, Mel Gibson in »Mad Max« – das ganze Thriller- und Action-Genre lebt von der Anziehungskraft der unmittelbaren, intuitiven Handlung im Angesicht der Gefahr.

Insbesondere Männer sehnen sich danach. Wer eine brave Ehe führt, jeden Tag pünktlich ins Büro geht, eine Familienkutsche mit Airbag und Knautschzone fährt und von unmittelbarer, rückenmarksgesteuerter Action im Überlebensmodus etwa so weit entfernt ist wie die Wildecker Herzbuben von Metallica, der ist anfällig für diese Romantik, in die ich damals eintauchte.

Niemand hat diese Atmosphäre so perfekt künstlerisch ausgedrückt und auf den Punkt gebracht wie Michael Jackson mit seinem Song »Beat it«. Darin singt er von dem Feuer in den Augen und den glasklaren Worten der Jungs von der Gang: Du musst ihnen zeigen, dass du keine Angst hast. Du spielst mit deinem Leben. Zuerst treten sie dich, dann schlagen sie dich und hinterher erklären sie es für fair. Bring dich in Sicherheit, denn niemand will vernichtet werden. Zeig wie gut du kämpfen kannst, es ist egal, wer im Recht ist.

Genau so war ich damals drauf. Und jetzt kam zu dem starken Siegeswillen und der vorhandenen Neigung, es mit den Regeln nicht immer so genau zu nehmen – um es mal so auszudrücken – auch noch die Power eines erstarkten Selbstvertrauens. Eine gefährliche Mischung!

Mein Lehrherr hatte einen Kumpel, der so ein Stehaufmännchen war. Dieser Typ besorgte säckeweise gefälschte Lacoste-Shirts und dealte damit. Ich verhökerte sie für ihn im großen Stil: Ihm bezahlte ich 15 Mark und verkaufte die Teile für 35 Mark. Ohne mit der Wimper zu zucken. Geile Spanne!

Verkaufen konnte ich wie ein Weltmeister. Ich hatte eine große Klappe und redete die Leute schwindelig. Aber Ethik hatte ich dabei keine. Es war mir ehrlich gesagt scheißegal, was ich da verkaufte und ob das illegal war oder nicht. Ich durfte mich eben nicht erwischen lassen.

Ich fuhr nachts nach meinen Jobs immer nach Frankfurt ins K-17. Dort gab's die coolste Musik und dort lernte ich auch zwielichtige

Szene-Leute kennen: Rockerbanden, Zuhälter, Nutten, Drogendealer … Ich bin heute gottfroh, dass mich damals irgendeine leise innere Stimme davor zurückhielt, in dieses Milieu einzutauchen. Auf der einen Seite war ich immer fasziniert, wenn die Zuhälter am frühen Morgen in den Club kamen, um ihre Nutten abzukassieren. Einer war nur einssechzig groß, so ein Typ Rod Stewart für Arme. Ich sah die Rolex-Uhren, die Designerschuhe, die Wildlederjeans mit Fransen und die teuren Cartier-Panther-Anhänger um den Hals. Und die Rockerkönige bewunderte ich auch, die Lederklüfte, die sexy Mädels, die immer um die harten, bärtigen Typen rumschwarwenzelten, die Harleys, mit denen sie davonknatterten. Das hatte was. Unterwelt! Aber auf der anderen Seite gehörte ich irgendwie nicht dazu und dabei blieb es. Keine Ahnung, was mich da beschützt hat. Jedenfalls blieb ich auch damals gottlob einigermaßen sauber. Und ich stürzte auch nicht in den Drogensumpf ab. Bei den zehn Joints in Amerika war es geblieben.

Stattdessen konzentrierte ich mich auf meinen Job. Meine Lehre im Elektrogroßhandel tagsüber meine ich damit aber nicht – das konntest du glatt vergessen. Das war nur Frust! Meine eigentliche Arbeit war in einer Disco. Der Inhaber war ein cleverer Hund. Weil er sonst seine Konzession verlieren würde – warum auch immer –, gründete er kurzerhand einen Verein. Er sorgte für coole Musik, die die Leute anzog und stellte ein paar Jungs an den Eingang, die Clubmitgliedschaften vergaben. Wenn du in den Club rein wolltest, musstest du draußen unterschreiben und eine »Aufnahmegebühr« bezahlen, dann warst du drin. Geschlossene Gesellschaft. Und damit war das Ganze legal. Das Geld verdiente der Typ natürlich mit den Getränken.

Er brauchte also Jungs für den Eingang, am besten eindrucksvoll und groß gewachsen. Darum sprach er mich an: 1,87, kantiges Gesicht, breite Schultern und nicht auf den Mund gefallen. Ich war genau der Richtige. Ich suchte mir zwei Schlägertypen als Eskorte und bezahlte sie mit ein paar Getränken pro Abend. Die zeigten dafür ihre dicke Arme und ich war unangreifbar. Der Deal zwischen dem Clubbesitzer und mir: Für jeden, der rein wollte, eine Mark für ihn und eine Mark für mich. Ich entschied, wer reindurfte. Ich engagierte meinen Geleitschutz selbst. Ich war der Babo! Am Wochenende kamen jeden Abend rund 700 Leute. Das hieß: Ich war reich!

Das Gefühl, der richtige Mann am richtigen Ort zu sein, war episch. Ich fühlte mich wertig. Ich wusste, diesen Job kann keiner so gut wie ich. Ich wurde gebraucht, ich hielt den Laden am Laufen, ich war der Türwächter, der die Macht hatte, ich genoss höchsten Respekt. Super Job!

Später durfte ich den Laden sogar führen, die Getränkemädels einteilen, Musik auflegen. Ich war wer!

Und hatte jetzt sogar ein Auto: Mein erstes war ein khakifarbener VW Käfer mit 34 PS und 28.000 km, den schenkten mir meine Eltern. Er hielt genau vier Wochen. Auf der A3 Richtung Köln begann er zu brennen. Ich fuhr noch bis zur Ausfahrt Diez, stieg dann aus und sah zu, wie er abfackelte.

Also lieh ich mir den roten Fiat 127 von meiner Schwester und fühlte mich damit wie ein König. Am Abend lernte ich ein Mädel kennen, gegen Morgen fuhr ich sie nach Hause. Dafür bedankte sie sich im Auto vor dem Haus auf ihre Art – ich dachte, ich würde durch die Schädeldecke explodieren. Du weißt schon … Ich war total high und fühlte mich wie ein Gott. Als ich zurückfuhr, kam ich von der Straße ab und überschlug mich. Und ganz ehrlich: Ich fand das nur geil. Ich erlebte den Unfall wie in Zeitlupe. Das war so lustig: Das Auto mit mir drin stand still und die Welt außenrum drehte sich wie eine Waschtrommel um mich herum. Es rummste und schüttelte mich durch, dass ich dachte, mir fliegen die Organe zum Mund raus. Im nächsten Moment stand ich plötzlich vor dem Auto, mein Herz schlug bis zum Hals und ich schaute mir den Totalschaden an. Irgendwie war ich da rausgekrabbelt und war noch am Leben, relativ unversehrt. Kein Wunder, ich war ja auch unsterblich.

Die Story von den Rehen, die über die Straße gesprungen wären, glaubte mir mein Vater nicht, denn auf beiden Seiten der Straße waren an dieser Stelle Leitplanken, und ihm war klar, dass Rehe da normalerweise nicht über die Straße wechseln. Meine Mutter brach in Tränen aus, als sie das Wrack sah: »Wie hast du das nur überlebt?« – Ich verstand sie nicht so recht. Und dass bei meinem Fahrstil nie ein Unbeteiligter zu Schaden gekommen ist, dafür kann ich erst heute so richtig dankbar sein.

Kurz drauf kaufte ich mir einen Datsun Cherry. Damit war ich nachts in Frankfurt unterwegs, das K-17 hatte bis sechs Uhr morgens auf. Das Beste daran war, dass dort ein Holländer auflegte, den meine Schwester kannte. Darum durfte ich auch mal auflegen. Ich war total aufgedreht und kam auch nicht runter, als ich morgens durch den Taunus heimraste. Auch mit dem Datsun machte ich dann die Rolle und überschlug mich zweimal. Das war ein Riesenkick. Ich lachte nur: Tod, leck mich doch, ist mir doch egal. Ich war 19 und es gab kein Morgen.

Wenn keiner will, dass du nach oben kommst, dann ist es vielleicht einfach noch nicht so weit. Deine Zeit kommt erst noch. Und wenn das Leben ein einziger Krampf ist, hilft es oft, dich umzutopfen. Ein anderer Markt, auf dem du spielst. Ein anderer Teich, in dem du fischst. Ein anderes Land, in dem du Erfahrungen machst. Eine andere Stadt, in der du lebst. Eine andere Branche, in der du arbeitest. Ein anderes Haus, in dem du dich aufhältst. Andere Menschen, mit denen du dich umgibst. Und plötzlich siehst du die Welt aus einem anderen Blickwinkel – und sie schaut auf einmal viel freundlicher aus. Und du hast dich vom kleinen Würstchen in einen Giganten verwandelt, der Bäume ausreißen und Berge versetzen kann. Denkst du jedenfalls …

2.   Anhauen, umhauen, abhauen

Aus Amerika kam ich breitbeinig heim wie aus dem Kino, wenn ein Film mit Bruce Willis läuft. Martin, the German! Und dann fing ich die Lehre an und bekam auf die Fresse, bis ich wieder der kleine, nach Hessen umgetopfte Limbeck aus Essen war.

Das war in einem kleinen Elektrogroßhandel, wo ich zum Groß- und Außenhandelskaufmann ausgebildet werden sollte. Aber irgendwie haben die versucht, mich zum Groß- und Außenhandlangerdeppen auszubilden. Es war die beschissenste Lehre aller Zeiten. Mein Chef sah in mir einen Loser. Er traute mir überhaupt nichts zu. Da ich meinen Führerschein aus Amerika hatte umschreiben lassen, konnte ich immerhin Autofahren. Also setzte er mich als Fahrer ein: Und dazu gehörte offenbar, seine Autos zu waschen.

Ist ja eigentlich kein schlechter Job. In Amerika hätte ich das jederzeit gerne für jeden Nachbarn gemacht – und hätte dabei viele Scheine eingesammelt. Hier aber war das kein Job und ich verdiente mir so ja auch nichts dazu. Es war klar, der Typ nutzte mich einfach nur aus. Freitags durfte ich dann immer seine Mutter zuhause abholen und zum Feinkostladen fahren, damit die ihren frischen Fisch bekam. Anschließend durfte ich dann noch ihren Collie spazieren führen. Super lehrreich!

Im selben Büro war ein Papierlager, weil der Bruder meines Lehrherrn mit Papier dealte. Das musste ich dem ausfahren, dorthin wo er das Zeug hin verhökert hatte. Und am Wochenende hatte ich noch ein Lerngebiet: Da musste ich mit in den Taunus, seine Wiese mähen. Groß- und Außenhandelsautowäscher, Groß- und Außenhandelsgassigeher, Groß- und Außenhandelschauffeur, Groß- und Außenrasenmäherfahrer.

Aber verkaufen durfte ich da nie was. Und »Kaufmann« würde ich bei dieser Firma genauso wenig werden wie Fußballweltmeister. Dass Lehrjahre keine Herrenjahre sind, ist mir völlig klar. Aber das hier waren keine Lehrjahre. Ich war für den Chef einfach nur ein billiger Karl Arsch.

Flucht nach vorn

Der Typ, den mein Chef offiziell als meinen Ausbilder abgestellt hatte, der aber in Wahrheit eher mein Aufseher war, nahm mich auch nicht für voll. Der machte lieber hinter dem Rücken des Chefs schmutzige Geschäfte und glaubte, ich wäre zu doof, das mitzubekommen. Wenn seine Handwerker-Kumpels kamen, um sich mit Elektrozeugs einzudecken, bezahlten sie immer bar. Dann sagte er offensichtlich geschauspielert, sodass ich es ganz sicher hören musste: »Oh, das Geld tu ich jetzt dem Chef in einen Umschlag!« – Ging ins Büro, machte eine Schublade laut vernehmlich auf und zu.

Ich glaubte ihm kein Wort. Als er nach so einer Aktion mal mittags um die Ecke zum Essen und seinen Alkoholspiegel nachjustieren war, dachte ich, ich guck mal nach: Machte die Schublade auf – und die war natürlich leer. Es war ja klar, das ganze Bargeld ließ er in die eigene Tasche wandern. Er hatte es nötig, dem Stift was vorzugaukeln, damit er nicht beim Klauen erwischt wird. Wie armselig ist das denn!

Natürlich hab ich dem Chef nichts gesagt. Wozu auch? Das hätte mich ja bloß selbst in Schwierigkeiten gebracht. Ich hielt brav die Klappe und schaute zu, wie die beiden Ganoven ihre Spielchen abzogen.

Das ist doch die richtige Atmosphäre, um als Jungspund ins Leben zu starten, oder? Wie die Alten sich beklauen, so was lernst du in so einer Lehre …

Gefühlte zehn Jahre später, als ich schon richtig Geld hatte, weil ich als Verkäufer erfolgreich war, traf ich meinen ehemaligen Lehrherrn mal zufällig im Urlaub in einem Hotel. Ich sprach ihn an und sagte: »Na, erkennen Sie mich wieder? Ich bin der dämliche Stift, den Sie sich mal gehalten haben!«

Ja, er erkannte mich wieder. Ich gebe zu, dass es mir Spaß gemacht hat zu sehen, wie der sich wunderte. Er hätte wohl niemals für möglich gehalten, dass ich Loser es mal in meinem Leben dazu bringen könnte, eine Fünf-Sterne-Hotelrechnung zu bezahlen.

Zumal er mich damals noch so richtig hatte hängen lassen: Sechs Monate bevor ich fertig war, hatte er den Laden liquidiert und ich stand da – arbeitslos. Ich musste zum Arbeitsamt. Und der Arbeitsverhinderungsbeamte, oder wie die Jungs da heißen, meinte dann ganz locker zu mir, sie könnten mir frühestens, eventuell, aber noch nicht sicher, in sechs oder sieben Monaten vielleicht-wahrscheinlich-womöglich was in Aussicht stellen in einem Großhandelskonzern.

Ich fuhr mit meinem Vater stumm nach Hause und dachte: Das kann doch nicht wahr sein. Erst wirst du ausgelutscht, dann ausgespuckt und dann klebst du auf der Straße und weißt nicht, was du machen sollst. So sehr mich meine Jobs im Club abends emotional und finanziell über Wasser hielten – aber ich konnte doch nicht hauptberuflich Türsteher werden! So hatte ich mir das alles nicht vorgestellt.

Wir hielten an einer Ampel in Bad Homburg. Da fiel mir ein, dass ein Kollege, der auch plötzlich ohne Job dastand, bei einem hiesigen

Elektrogeschäft untergekommen war, das gleich um die Ecke von dieser Kreuzung war. Ich sagte zu meinem Vater: »Papa, lass mich mal raus ... «

Ich ging zu diesem Laden hin, fragte mich nach oben durch und startete kurzerhand eine Kaltakquise. Keinen Job hatte ich ja schon – also flüchtete ich nach vorn.

Drei Brüder gab es da, die den Laden von ihrem Vater übernommen hatten: Der älteste machte die Buchhaltung, ein ganz Introvertierter. Der mittlere war passionierter Jäger und war halt auch in der Firma. Und der jüngste der Gang, das war der eigentliche Boss, er war Techniker, außerdem Kaufmann und der geborene Verkäufer: Holger.

Bruder Nummer Zwei hatte zwar eine Ausbildereignungsprüfung, aber er bildete eigentlich nur Elektriker und Fernsehtechniker aus. Die Brüder hatten alles Mögliche unter einem Dach: einen Großhandel, einen Einzelhandel und einen Elektroservice. Sie verkauften braune Ware – also Unterhaltungselektronik wie Fernseher, Videorekorder und Hifi-Anlagen –, weiße Ware – also Haushaltsgeräte wie Waschmaschinen oder Geschirrspüler –, sie verkauften Lampen, Verlängerungskabel, Adapter, Batterien, alles Mögliche, breit aufgestellt. Insofern war ein Azubi zum Groß- und Einzelhandelskaufmann schon nicht ganz unpassend.

Holger und ich verstanden uns sofort gut. Ich schilderte ihm einfach meine Situation. Es entstand eine kurze Pause. Dann gab er mir kurzentschlossen die Lehrstelle, wo ich mein Ding fertigmachen konnte. Ich hatte meine Loser-Position wieder auf die Gewinnerseite gedreht: Wenn keiner dir hilft, dann geh selber hin und verkaufe! Hilf dir selbst! Dann hilft dir Gott ...

Respekt!

Holger, der Macher, hat mich schwer beeindruckt. Und hier lernte ich auch mal was. Vor allem vom Chef selbst. Beim Einräumen der Regale stand er manchmal hinter mir und flüsterte mir was zu: »Herr Limbeck. Sie wissen ja: beständig! BESTÄNDIG Leistung! Richtig?«

Ich orientierte mich an diesem Holger. Wie schon früher war ich gut darin, mir die richtige Einstellung bei Älteren abzuschauen. Und hier war eins ganz klar angesagt: Der Chef war ein Arbeitstier. Das übte einen ungeheuren Sog auf mich aus. Beständig Leistung, dann kommst du voran …

Ich erinnerte mich an Amerika: Erst schaufeln, dann scheffeln. Das muss doch hier auch gehen. Also, hau rein! Gelegenheit gab es dafür zum Beispiel nach der Berufsschule, wo ich einmal in der Woche hin musste. Ob du nach der Schule nochmal in den Betrieb musstest oder nicht, war so eine Grauzone. Ich erzählte natürlich clevererweise meinem Chef, dass die Lehrlinge nach Schulschluss alle nach Hause durften … dass ich aber gerne nachmittags dann noch in die Firma kommen würde, um so lange zu arbeiten, wie der Chef mich braucht. – Dafür bekam ich immer zwanzig Mark Cash auf die Hand.

Und auch am Wochenende: Freiwillige Anwesenheit am Samstag machte zwanzig Mark zusätzlich. Mir tat die Anerkennung dermaßen gut, dass ich die Mehrarbeit nicht nur ertrug, sondern mich immer richtig darauf freute.

Bei meiner Lehre bei Holger lernte ich nachträglich, was mich die Schule zu lehren vergessen hatte: Fleiß!

Morgens um halb sieben fing ich an der Elektrotheke an, die eintrudelnden Handwerker mit Material zu versorgen. Jeden Abend zog ich durch bis um sieben. Alle Überstunden bekam ich Cash bezahlt. Das fand ich natürlich total geil.

Ich durfte bei allem mit anpacken, kam überall rum und lernte, wie du so einen Laden organisierst und am Laufen hältst. Auch Ein- und Verkauf durfte ich machen. An der Elektrotheke schnitt ich dem einen Elektriker 30 Meter 3x1,5er-NYM-Draht ab, dem anderen holte ich Schaltermaterial, dem dritten verkaufte ich Sicherungen. Und so weiter.

Dann durfte ich schon selbstständig den Ein- und Verkauf von Lampen machen, und darin zum Beispiel war ich richtig gut. Das machte mir Spaß. Irgendwie hatte ich ein Händchen dafür. Ich fand es cool mit allen möglichen Leuten zu tun zu haben, von sehr einfachen Menschen aus dem Handwerk bin hin zu reichen Unternehmern oder Architekten. Die einen scheuchten mich standesgemäß rum: »Beweg dich du Stift!« Die anderen kamen aus den teuren Wohnsiedlungen und kauften Tiffany-Lampen oder eine neue Premium-Waschmaschine – die wollten eine genaue Beratung und hatten einen kultivierten Umgangston. Egal, wer es war: Ich hatte zu fast jedem immer sofort einen Draht. Das zeigten auch schlichtweg die Zahlen: Immer wenn der Limbeck im Verkauf war, stiegen die Umsätze. Dem Chef fiel das auf und er lobte mich vor den Kollegen. Der Holger war ohnehin gut im Loben. Das konnte er. Gute Chefs können das!

Was passierte? Genau. Wir leben in Deutschland, nicht in Amerika. Und das heißt: Wenn du was gut machst und dir dafür einen gerechten Zuschlag erarbeitest oder wenn du für eine Extraleistung extra gelobt wirst, dann gibt es immer ein paar Leute, denen das nicht gefällt. Warum? Weil sie selbst gerne den Zuschlag oder das Lob hätten und es nicht bekommen. Warum bekommen sie es nicht? Weil sie sich dafür anstrengen müssten. Und sich anstrengen, das ist schließlich anstrengend …

Einer der Mitarbeiter war so ein Neider. Er konnte mich nicht leiden und gönnte mir das Sonderlob nicht. Der hatte sowieso irgendein Problem: Überall im Betrieb spielte er sich als der heimliche Vorarbeiter auf, fast alle kuschten vor ihm. Und mich hatte er ausgeguckt, um jemanden zum Trietzen zu haben. Manchmal kam es mir so vor wie ein Deja-vu von meinem vorigen Betrieb.

Wenn ich bei ihm im Lager arbeiten musste, schikanierte er mich, wo es nur ging. Schon der Ton stimmte nicht: Er behandelte mich von oben herab, signalisierte mir mit jedem Satz, dass ich nichts wert bin und kommandierte mich rum. Fegen, Müll wegbringen, die schweren Kabeltrommeln schleppen … das gehörte zwar schon dazu, aber wenn es immer derselbe Trottel machen muss, stimmt eben was nicht. Ein freundliches oder anerkennendes Wort würde ich von ihm genau dann bekommen, wenn Ostern und Weihnachten zufällig auf dasselbe Wochenende fallen würden.

Wenn irgendwo eine Drecksarbeit zu machen war, ließ er den Limbeck rufen. Dazu durfte ich mir dann noch seine arroganten Sprüche anhören. Zwischen uns schaukelte sich langsam eine ganz ungute Gewitterzelle hoch. Für mich war aber klar: Mir ging es hier im Betrieb so gut – ich wollte mir das auf keinen Fall kaputtmachen lassen.

Eines Tages war es dann so weit: Wir waren im Außenlager und mussten da was aufräumen. Irgendwas habe ich nicht so gemacht, wie er es wollte, da ging der plötzlich auf mich los, schrie mich an, packte mich am Kragen und holte mit der Faust aus, um mir eine zu verpassen. Die Anderen drum herum konnten nur gucken.

Jetzt bin ich wirklich kein Schlägertyp und war es auch nicht gewohnt, mich in solchen Situationen zu behaupten. Ich hatte ja zeitlebens immer nur auf die Fresse bekommen. Darum hatte ich abends auch meine zwei Kumpels mit den dicken Armen, um mich zu beschützen. Durch meine Größe machte ich zwar schon Eindruck, aber ich wusste ja, dass ich die Hucke voll bekommen würde, wenn es mal ernst wird. Es war noch nie anders gewesen.

Und dieser Choleriker-Typ packte nicht zum ersten Mal einen anderen am Kragen, das merkte ich sofort. Er war es gewohnt, dass alle Angst vor ihm hatten. Jetzt wurde es ernst.

Aber irgendwas hatte sich verändert seit damals, als mich die Grundschulgang regelmäßig verdroschen hatte. Und damit meine ich nicht nur, dass ich älter und größer geworden war. Als dieses Arschloch mich am Kragen hatte, legte sich in meinem Kopf irgendwie ein Schalter um. Von innen kam ein Strom von Energie hoch. Es fühlte sich an, als hätte ich plötzlich Herkuleskräfte. Ich schrie zurück. Und zwar deutlich lauter als er. Ich brüllte ihn einfach nieder: »Du Loser! Du Vollpfosten! Du hast es nötig! Du kannst ja gar nichts! Du Idiot! Du bist so dumm wie Scheiße! Du Verlierer! Schlag mich doch! Na, los! Schlag doch zu, du Pfeife! ...« und so weiter. Ich hörte gar nicht mehr auf.

Irgendwie habe ich damit den wunden Punkt bei ihm getroffen. Er ließ mich los, drehte sich um und ging weg.

Seit diesem Vorfall ließ er mich in Ruhe und ging mir aus dem Weg. Und bei den anderen war ich von diesem Moment an nicht mehr der Stift, sondern total anerkannt und ebenbürtig. Ich war völlig verblüfft: Ich hatte mir Respekt verschafft!

Volltreffer!

Als die Lehre fertig war, ging ich täglich mit hoch erhobenem Kopf in »meinem« Betrieb ein und aus. Mein Gefühl war, dass ich dort anerkannt war. Ich war etwas wert. Der Chef wollte mich behalten und ich verhandelte mit ihm übers Gehalt. Ich war so dermaßen stolz, als ich mit ihm ein Gehalt von 3100 Mark aushandelte! Das war so viel, wie sonst nur Mitarbeiter bekamen, die schon drei oder vier Jahre dort arbeiteten. Und das direkt nach der Lehre!

Ich blieb dort aber nicht lange, denn ich hatte Blut geleckt: Von allem, was ich bei Holger arbeitete, war eins meine Königsdisziplin: Verkaufen!

Glasklar: Ich will Verkäufer werden. Nichts anderes. Ich wollte irgendwo in den Außendienst. Also kümmerte ich mich darum, besorgte mir die Zeitungen und bewarb mich wie ein Großer. Ich schrieb rund 150 Bewerbungen und sammelte Absagen. Eine Absage nach der anderen. Keiner wollte einen Verkäufer Anfang 20!

Aber ich hatte meinen Chef Holger noch im Ohr: »BESTÄNDIG!« Also suchte ich weiter. Irgendwann fand ich eine Anzeige, in der ein magisches Wort stand: »Juniorverkäufer« – Die meinen mich, dachte ich. Worum ging's? Kopierer verkaufen.

Heute kaufst du deinen Farbdruckerkopiererfaxscanner für ein paar Hunderter im Internet. Damals aber war das noch ein Riesenbusiness. Jede einzelne Firma brauchte damals einen Kopierer. Internet gab's noch nicht. Also fuhren Heerscharen von Außendienstlern durch die Republik und führten ein kostenpflichtiges Update der kompletten Wirtschaft durch: Vorher: Schreibmaschine mit Durchschlagpapier. Nachher: Kopierer. Und die Dinger waren teuer! Ein Eldorado für Verkäufer.

Das war die eine Sicht der Dinge.

Die andere lieferte mein Vater: »Umkämpfter Markt. Preisschlacht. Riesenkonkurrenz. Hartes Stück Brot für den Verkäufer.«

Da hatte er sicher recht. Aber er machte mir trotzdem Mut: »Martin, wenn du Kopierer verkaufen lernst, kannst du hinterher alles verkaufen!«

So oder so: Ich wollte den Job unbedingt haben. Ich fragte mich, wie ich das anstellen sollte. Wenn deine Strategie dich bisher nicht ins Ziel gebracht hat, trotz aller Hartnäckigkeit, dann hast du zwei Möglichkeiten: Entweder du änderst die Strategie oder das Ziel. Die meisten Leute ändern ohne nachzudenken ihr Ziel, wenn es nicht weitergeht: Sie verringern ihre Ansprüche, die sie an ihr Leben stellen. Glaub mir, das ist meistens keine gute Idee! Zumindest nicht, wenn du dein Glück machen willst.

Das Ziel ändern kam für mich schon aus Ehrgeiz nicht in Frage. Und die Strategie? Offensichtlich brachte mir das Schreiben einer Bewerbung mit hundertprozentiger Wahrscheinlichkeit eine Absage. Also ließ ich das mit den Bewerbungen bleiben und tat das, was ich am besten konnte: Direkt rein ins Verkaufsgespräch! – Ich rief einfach den Geschäftsführer an …

Dem machte das Spaß: Ein Jungspund geht auf's Ganze. Das Gespräch verlief freundlich und kam ruckzuck zum Punkt: Natürlich wollte er mich sehen. Aber genauso natürlich biss er nicht an bei dem Termin, den ich ihm vorschlug. Er war der Boss, also bestimmte er den Termin – für den ich mir extra freinehmen musste.

Ich fuhr hin. Und erlebte ein geiles Einstellungsgespräch. Ich wusste damals noch gar nicht, wie viel es da für mich zu lernen gab. Denn später würde ich selbst noch viele Einstellungsgespräche von der anderen Seite her führen. Heute weiß ich: Die sehr guten von den guten Mitarbeitern unterscheiden zu können, das ist eine hohe Kunst. Und eine der wichtigsten Fähigkeiten, die ein Unternehmer haben muss.

Erst mal ließ der Chef mich warten. Dann ließ er mich hereinkommen und ich stand einem Trumm von Mann gegenüber, der mit seinen deutlich über hundert Kilo Kampfgewicht hinter einem Schreibtisch thronte und mich genau beobachtete. Er begrüßte mich freundlich und begann sofort zu fragen. Und fragte. Und fragte. Drei Stunden nahm er sich Zeit und fragte mich überraschenderweise lauter privates Zeugs. In die Unterlagen, die ich ihm mitgebracht hatte, schaute er nicht einmal rein, meine Zeugnisse interessierten ihn überhaupt nicht. Was ich in meiner Freizeit so mache. Was ich von Eishockey so halte. Was mein Vater so macht.

Am Ende kannte er meine komplette Geschichte und meinen familiären Hintergrund. Das ist schlau. Denn als Chef stellst du immer Menschen ein – nicht Fähigkeiten. Die formal beste Ausbildung, die besten Referenzen, der beste Lebenslauf, das ist alles nur Verpackung. Aber auf den Inhalt kommt es an! Als Chef hast du nichts davon, wenn sich bei der Arbeit herausstellt, dass dein neuer Hochglanz-Mitarbeiter deine Werte nicht teilt. Das geht immer schief. Ein hochqualifiziertes Arschloch ist immer noch ein Arschloch. Also musst du im Vorstellungsgespräch die Verpackung aufmachen und zur Seite legen und dir den Inhalt genau anschauen. Du musst den Menschen prüfen, nicht die Unterlagen!

Was er von mir über mich hörte, schien ihn zumindest nicht abzuschrecken, denn plötzlich kam er zur Sache: Er zog zwei Gehaltsabrechnungen raus und legte sie vor mir auf den Tisch. Die Namen waren geschwärzt, auf die Zahlen kam es an.

»Das ist mein bester Verkäufer und das ist mein schlechtester Verkäufer. Lesen Sie die Zahlen!«

Sein schlechtester Verkäufer verdiente 80.000 Mark. Hammer! Ich würde sofort als sein schlechtester Verkäufer anfangen! Und der beste? Der verdiente 250.000 Mark. Eine Viertel Million!

»Das, was Sie da sehen, ist kein Gehalt. Das ist das, was die Jungs verdient haben. Kapieren Sie den Unterschied?«

Ja, mir war klar, dass es hier um Provisionen ging, variables Gehalt, streng leistungsbezogen. Aber das war genau das, was ich suchte.

Er sagte: »Keiner weiß, dass Sie sich hier bewerben. Gehen Sie raus, heute ist Besprechung, da laufen überall Verkäufer rum. Fragen Sie sie, wie es denen hier gefällt. Und wenn Sie einverstanden sind, sagen Sie's mir, dann können Sie anfangen.«

Dann können Sie anfangen! Ich war wie high und taumelte auf den Flur. Der erste Verkäufer, der mir in die Arme lief, war Andreas. Ein ganz ruhiger, besonnener, erfahrener Mann. Er war eines der besten Pferde im Stall, wie sich herausstellte. Ich unterhielt mich mit ihm eine Viertelstunde, dann war klar: Das hier war der Volltreffer, die große Chance, der ganz dicke Karpfen.

Ich sagte zu, ging zu meinem Chef Holger im Elektrogroßhandel, schüttelte ihm die Hand und kündigte – was er schade fand, was ihn aber keineswegs überraschte –, und fing kurz darauf an als Außendienstler im Kopierer-Business. Die Welt lag vor mir wie eine riesige fruchtbare Ebene, die es abzuernten galt.

Von hundert auf null

In den Vertragsverhandlungen hatte ich sechs Monate Garantieprovision ausgehandelt. Die zwei anderen, die zeitgleich mit mir anfingen, hatten nur drei sichere Monate. Schon überholt! Außerdem hatte ich mir ein Verkaufsgebiet rund um meinen Wohnort geschnappt. Ich dachte, das sei clever, denn da musste ich nicht umziehen und würde mir jede Menge Anfahrtswege sparen. Mann, war ich gut, dachte ich. Ich erwartete einen leichten Start und hatte nur ein Ziel vor Augen: Verkäufer Nummer eins werden!

Dementsprechend unter Volldampf fing ich an: Verkaufstraining auf Burg Stromberg zusammen mit 28 anderen Juniorverkäufern aus dem ganzen Bundesgebiet. Torsten war mein Trainer. Er war Gebietsleiter, rund zehn Jahre älter als ich und absolut cool drauf: Er war mein Held! Er sah immer aus wie aus dem Ei gepellt. Super Anzug. Super Schuhe. Supergeil. Er trug immer poppige Brillen, verhielt sich lässig, fuhr einen Schnitzer 3er-BMW, tiefergelegt, mit Domstreben und dickem Auspuff. Er war von Anfang an mein absolutes Vorbild. Denn der war ja wohl mit Sicherheit erfolgreich, dachte ich.

Zuerst hatten wir eine Woche Training im Hotel. Ich war der fleißigste von allen, der Oberstreber. Dann ging's raus ins Feldtraining, ohne tiefere Produktkenntnisse, eiskalt ins Wasser geworfen. Unsere Aufgaben: Termine machen, Verkaufsgespräche führen, von Tür zu Tür gehen, Interessenten zur Hausmesse einladen. Und wenn es irgendwie geht: Kopierer verkaufen.

Ich gab Vollgas, pedal to the metal, schon morgens, während die anderen Käffchen tranken, hing ich am Telefon und machte Termine. Mittags, während die anderen sich zum Essen trafen: Ich telefonierte durch. Ich war wie im Rausch. Es musste doch möglich sein, diese Scheißdinger zu verkaufen!

Die anderen hatten ihr Gruppenerlebnis und tauschten sich untereinander aus, genossen die Gemeinsamkeit – es waren ja alle Neulinge und alle mehr oder weniger unsicher. Aber mir war das ganze Sozialdingens scheißegal. Ich wollte verkaufen lernen. Logisch, dass mich keiner mochte.

Am Ende war ich nach zwei Wochen Feldtraining der Einzige von allen Frischlingen, der überhaupt einen Kopierer verkauft hatte. Ich hatte sogar zwei verkauft. Ergo: Ich wurde gehasst.

Einmal rief mich einer der Kollegen – na, sagen wir besser: Konkurrenten – mit verstellter Stimme an und gab sich als Kunde aus. Sie lachten sich kaputt, als sie mich verarschten. Aber mich kratzte das nicht. Die anderen Anfänger interessierten mich nicht. Ich hängte mich an meinen Trainer Torsten und versuchte so schnell wie möglich von ihm zu lernen. Und richtig: Nach drei Jahren waren von den 28, die mit mir angefangen hatten, nur noch zwei Juniorverkäufer übrig, wie sich später zeigte.

Und ich? Ich kam verkäuferisch topfit aus dem Trainingslager heim und wollte in meinem eigenen Verkaufsgebiet durchstarten. Von meinem Vorgänger hatte ich die Kartei übernommen. Ich ging die Kunden systematisch durch. Und erlebte eine Überraschung: Sämtliche Firmen, die keine Karteileichen waren, hatte mein Vorgänger erst kürzlich gedreht und somit für die nächsten 36 Monate versorgt. Die Kartei war total abgegrast. Nix zu holen für mich.

Ich kapierte: Klar, bevor ein Verkäufer geht, quetscht er sein Gebiet nochmal mit Hochdruck aus und nimmt ohne Rücksicht auf Verluste alles mit, was er kriegen kann, um zum Schluss noch eine hohe Provision rauszuholen. Dass er dann verbrannte Erde oder abgeerntete Stoppelfelder hinterlässt, ist ihm ja egal. Ich hatte gedacht, ich übernehme blühende Wiesen und saß jetzt bedröppelt vor einer Wüste. Ich schaffte es nicht, auch nur einen einzigen Kopierer zu verkaufen. Ich war verarscht worden!

Einer der alten Hasen bestellte mich mal in sein Büro, um den Gönner zu spielen: »Junge, jetzt erklär ich dir mal, wie diese Firma funktioniert. Das hier sind die Arschlöcher und das hier sind die Guten.«

Ich habe ihm zuerst geglaubt, bis ich irgendwann merkte, dass er das größte Arschloch von allen war, nämlich der, der die meisten Gerüchte hintenherum streute und intrigierte, wo es nur ging. Und nebenbei auch derjenige, der kommissarisch mein Gebiet verwaltet und es abgemäht hatte.

Keiner wollte mir helfen. Ich hing in der Luft. Kam einfach nicht voran, egal wie fleißig ich meine Kartei durchackerte.

Da kam der Chef rein, sah mein Elend und grinste.

»Nehmen Sie die Karteikästen und kommen Sie mit!«

Wir gingen runter und in den Hof. Er führte mich zu den Mülltonnen: »Da rein! Los! Schmeißen Sie die Karteikarten weg!«

Dann ließ er mich stehen. Ok. Das war also mein Job: Bei null anfangen.

Ich schaute nach oben in den trüben Himmel. Es nieselte. Ich fühlte mich in diesem Moment genau so, wie ich mich damals gefühlt hatte, auf Schalke, beim Tennisballkicken, direkt nach der Mannschaftswahl: übriggeblieben!

Mitten im Spiel

Wie sich herausstellte, war das, was sich wie eine weitere Niederlage angefühlt hatte, in Wahrheit ein Segen. Ich konnte keine Kunden pflegen, weil es keine gab. Ok. Also musste ich neue Kunden jagen und zur Strecke bringen. Ich sollte nicht Kuhhirt sein, sondern Jäger. Einverstanden. Aber weißt du was? Genau das lag mir im Blut! Im ersten Jahr machte ich 1000 Kaltakquisen. Also jeden Tag im Schnitt drei Verkaufsgespräche mit komplett Unbekannten. 919 mal hörte ich dabei: »Nein!« Im Umkehrschluss: Ich verkaufte 81 Kopierer und verdiente 89.000 Mark! Und das im ersten Jahr. Wie geil ist das denn!

Ich war der absolute Überflieger und sofort bekannt wie ein bunter Hund in der ganzen Branche. Andreas, der ruhige, besonnene Topverkäufer, den ich bei meinem Vorstellungsgespräch kennengelernt hatte, war der einzige aller Kollegen, der mir seine Anerkennung aussprach.

Ich ackerte weiter. Im zweiten Jahr war ich schon auf Platz drei der Liste. Zum Verständnis: Verkäufer brauchen Rankings wie Talkshow-Moderatoren die Einschaltquote. Es ist, als ob Verkäufern ohne den permanenten Vergleich mit anderen die Zähne rausfallen würden. Also verglichen wir uns: Jeden Freitag standen wir vor den ausgehängten Zahlen und ließen coole Sprüche ab. Einmal sagte ich zu Andreas: »Nächstes Jahr sind Sie dran! Ich überhole Sie!« – Da war er sauer ...

Schnell hatte ich alle Tricks gelernt. Den wichtigsten gleich zu Beginn: Mit 12.000 Mark Marge im Monat bekamst du 20% Provision auf's Grundgehalt draufgezahlt. Ab der 12.001. Mark waren es aber 30% – und zwar auf alles! Das heißt, wenn du nicht zuallererst dafür sorgtest, jeden Monat über 12.000 Mark zu kommen, warst du der Gelackmeierte. Die Konsequenz: Wie bei jedem bescheuerten Anreizsystem versuchen alle, das System auszuhebeln. Du wirst quasi zum Betrug angestiftet. Und jeder zieht mit.

Das geht so: Um in Ruhe arbeiten zu können, füllst du erst mal den ersten Monat mit 12.000 Mark Marge auf. Jeden Vertrag, den du darüber hinaus schreibst, füllst du nicht vollständig aus, sondern lässt das Datum offen. Erst wenn der Kunde sein Gerät bekommt, also am letztmöglichen Zeitpunkt, wenn du das Übergabeprotokoll machst, füllst du das Datum im Vertrag aus. Auf diese Weise schleppst du immer eine Bugwelle von unterschriebenen, aber noch nicht datierten

Verträgen mit dir herum und kannst sichergehen, keinen Monat unter 12.000 zu rutschen. Du verschiebst einfach immer einige Tausend Mark. So kannst du auch in dem Monat, in dem du in Urlaub fährst, bequem ein paar deiner Vorratsverträge datieren und somit ein bisschen Puffer »auflösen«, um über 12.000 zu kommen und bist auf jeden Fall auf der sicheren Seite. Außerdem wurde das Urlaubsgeld immer auf Basis der Provisionen der letzten drei Monate gezahlt. Mit den aufgesparten Verträgen in der Tasche konntest du vor dem Urlaub immer kräftig Umsatz schreiben und so dein Urlaubsgeld nach oben drücken. An manchen Urlaubstagen verdiente ich 1200 Mark, während ich in der Sonne lag und Cocktails schlürfte. Es war wie in einem Hollywoodfilm.

Und wenn ein Kunde nachfragt, warum der Vertrag kein Datum hat, sagst du: Ach, das machen wir immer so, ich füll das bei der Übergabe aus, Sie bekommen dann überall das gleiche Datum, dann ist das Ganze klar und eindeutig abgewickelt. – So ein Quatsch! Aber mir hat das jeder abgenommen, es hat immer funktioniert.

War das sauber? Ganz klar: Nein! Du prellst ja deine eigene Firma! Aber alle alten Hasen haben das so gemacht. Immerhin geht's dabei jedes Jahr um viele Tausend Mark haben oder nicht haben. Du kannst auch argumentieren: Wenn die so ein bescheuertes System installieren, brauchen sie sich nicht wundern, wenn es jeder ausnützt.

Jeder wusste das. Es ist immer so: Der Dümmste und der Schlauste erkennen die Lücke. Sogar den Chefs war sonnenklar, dass die Verkäufer Umsatz bunkerten und dem Unternehmen aus Eigennutz vorenthielten. Einmal half ich meinem Chef aus der Patsche. Er brauchte dringend noch Umsatz von seinen Verkäufern, um an seinen eigenen Bonus zu kommen, denn die Anreizpyramide funktionierte natürlich so, dass der Chef am Gesamtumsatz verprovisioniert wurde. Er wusste, dass ich von allen am meisten Umsatz in der Tasche hatte. Darum versprach er mir für jede 1000 Mark Marge, die ich für ihn einlöste, eine Flasche Champagner. Natürlich habe ich ihm geholfen ...

Wenn ich der Beste war, habe ich mich immer tierisch gefreut. Und ich war meistens der Beste. Jeden Freitag gab es Vergleichszahlen und an jedem Monatsende gab es Pokale. Doch, allen Ernstes: Der Wettbewerbsgedanke wurde wirklich auf die Spitze getrieben. Wer im jeweiligen Monat die meisten neuen Kunden gewonnen hat – Silberpokal. Wer in dem Monat die höchste Marge erzielt hat – auch ein Silberpokal. Wer in beiden Kategorieren gleichzeitig vorne lag – Goldpokal.

Ich habe dieses Spiel mit meinem Chef ingesamt drei Jahre mitgemacht, solange er eben da war: In 36 Monaten habe ich 34 Pokale geholt, davon die Hälfte in Gold. Und wir waren immer zwischen zehn und 15 Verkäufer. Das heißt: Zwischen neun und 14 Verkäufer sahen jeden Monat auf's Neue den Limbeck von hinten. Ich kann dir eines versichern: Viele Fans hatte ich nicht in dem Laden ...

Im dritten Jahr war ich erster im Ranking und keiner kam auch nur annähernd in die Nähe meiner Zahlen. Am Ende war ich Teamleiter und holte trotzdem zusätzlich zu meinem Verkaufsteam noch 700.000 Mark Marge selbst. Ich verdiente im dritten Jahr locker über 300.000 Mark. Und Deutsche Mark, mein Freund, falls du dich erinnerst: Das war noch die harte Währung, mit der du dir ordentlich was kaufen konntest.

Ich war für mein Alter wahnsinnig erfolgreich. Wie ich das geschafft habe? Dafür gibt es nur ein Wort: Fleiß!

»Schmeiß mich doch raus!«

Ich war morgens der Erste und abends der Letzte auf dem Spielfeld. Ich bin wenig Mittagessen gegangen. Und wenn, dann mit Kunden. Ich bekam nichts geschenkt, musste mir jeden einzelnen meiner Kunden selbst verdienen. Mein Chef hatte eine fette Rolex und fuhr einen Porsche ... na klar! Einmal fragte mich ein Mädel frech, ob ich auch einen Porsche fahren würde. Wahrscheinlich wollte sie zuerst meinen Geldwert taxieren, bevor sie mich anbaggerte. Ich antwortete wahrheitsgemäß: »Nein. Suzuki Swift. Aber dafür Sportausführung und Nebelscheinwerfer.« Sie schaute mich nur irritiert an.

Ich war nämlich nicht wirklich hinter dem Status her, der mit dem Geld kam, sondern hinter dem Gefühl zu gewinnen. Alles, wirklich alles trat für mich hinter dem Gefühl zurück, Erster zu sein. Für mich zählte damals nur eins: Limbeck ist die Nummer eins.

Dieses extrem geile Gefühl war meine Kompensation, mein Ersatz, meine Strategie, um mit den Stoppschildern klarzukommen, die mir das Leben regelmäßig vor den Kopp haute. Für dieses Gewinnerfeeling nahm ich alles in Kauf. Alles.

Das ist wohl so ein Männerding. Glaub mir: Jeder Mann hat so eine Strategie. Denn jeder Mann hat in seinem Kopf ein ähnliches Bild eingebrannt: Wie er zwölf war und der ein Jahr ältere und einen Kopf größere Junge vor ihm stand und ihn verdrosch. Damit musst du fertig werden. Und ich meine nicht die Schmerzen, wenn du eine fängst, sondern die seelischen Kosten, der Unterlegene zu sein: nackte, existenzielle Angst, kein richtiger Mann zu sein.

Das schaffst du nur, wenn du dir im Laufe der Jahre dem Leben und dir selbst gegenüber ein Argument zurechtlegst: Ja, du bist mir zwar gerade körperlich überlegen, ja, du hast mich verprügelt – aber ich bin schneller als du. Ich bin cleverer als du. Ich bin besser als du (im

Fußball, im Mädels aufreißen, in der Schule, beim Geldverdienen, beim Angeln ...). Oder was auch immer. Deine Angst wird dein Antrieb in dem, worin du gut bist. Findest du keine solche Lösung, dann bist du kein Mann. So ticken wir! Jedenfalls wenn wir ehrlich sind ...

Ich hatte meinen Weg gefunden, der mich in meinen eigenen naiven blauen Augen zum Mann machte: Limbeck – immer der mit der größten Leistung!

Das Geld, das so zwangsläufig über mich drüberschwappte, nahm ich gerne mit – als Sicherheitspolster und als Rücklage für die Zukunft. Aber nicht zum Prassen und Angeben wie so viele meiner Verkäuferkollegen. Ich gab auch an: mit meinen Leistungen, nicht mit meinem Geld. Und das ist ein großer Unterschied. Manchmal habe ich aber das Gefühl, dass wir in einem Land leben, wo dir die Leute deine guten Leistungen noch mehr neiden als dein Geld.

Ich wusste, dass mir viele in der Firma die Pest an den Hals wünschten. Aber weil der Laden meine Umsätze dringend brauchte, war ich unantastbar. Ich konnte sogar frech werden und kam damit durch.

Einmal hatten wir neue Chefs bekommen. Der Laden war an einen internationalen Konzern verkauft worden. Ich wurde zu einem Einzelgespräch vorgeladen. Der neue Boss fragte mich, wo ich mich in fünf Jahren sehen würde. Standardfrage. Ich konterte: »Was machen Sie in fünf Jahren? Dann habe ich nämlich Ihren Job!«

Kurz drauf kam ich morgens nach meinen ersten Kundenterminen etwa um elf ins Büro. Überraschung! In meinem Büro standen alle neuen Chefs herum. Mein direkter Vorgesetzter, dem ich kürzlich erst so frech gekommen war, schaute demonstrativ auf die Uhr und fragte mich vor versammelter Riege mit süffisantem Ton: »Oh, der Herr Limbeck. Wo kommen Sie denn gerade her?«

Ich zögerte nur kurz, während ich ihn in Gedanken an vier Suzuki Swifts kettete und vierteilte. Dann ließ ich meinem Mundwerk freien Lauf: »Wo ich herkomme? Ich verstehe die Frage nicht. Natürlich aus dem Café Kofler in Bad Homburg. Wie jeden Dienstag. Die haben den besten Brunch. Müssen Sie mal mitkommen!«

Jetzt kochte der Boss vor Wut: »Respektlos!«, brüllte er.

Und ich schoss zurück: »Respektlos ist es, den Leistungsträger bloßzustellen. Schmeißen Sie mich doch raus!«

Aber er schmiss mich nicht raus. Ich war zu wertvoll. Dieses Gefühl, quasi unkündbar zu sein, weil meine Leistung zu groß war, kitzelte mein Ego – und machte mich so richtig arrogant.

In der Grauzone

Eins hatte ich gelernt: Beim Monopoly geht's um Geld, nicht darum Freundschaften zu pflegen. Deswegen machte ich mir zur Grundregel: Niemals mit Kunden saufen. Niemals auf Firmenfeiern saufen. Immer hellwach bleiben. Augen auf, beobachten! Ohren auf, zuhören! Die Lücke, den Vorteil, die Gelegenheit entdecken. Immer im Kampfmodus. Und niemals jemand freiwillig duzen – denn schon bald könntest du der Chef von demjenigen sein.

Natürlich fanden das alle ätzend.

Einmal stritten zwei Chefs auf einer Firmenfeier in einem Hotel. Ich hatte immer gedacht, die beiden gehörten zusammen wie ein Kopp und ein Arsch. Aber so langsam dämmerte mir, dass die beiden eine Zweckgemeinschaft bildeten, obwohl sie sich nicht leiden konnten. Beide waren schon ordentlich angeschickert. Ich saß (relativ) nüchtern daneben und beobachtete das Schauspiel im Stillen. Ich war ohnehin schlecht gelaunt, weil ich am nächsten Morgen zur Beerdigung meines Onkels musste.

Der eine Chef sagte zum andern Chef: »Du kannst doch nichts!«

Der andere pfiff zurück: »Was kann ich denn nicht?«

»Du kannst zum Beispiel nicht loben. Muss ein Chef aber können.«

Der andere Chef holte mich ins Spiel: »Limbeck, was sagen Sie dazu?«

Ich haute in die gleiche Kerbe: »Wo er recht hat, hat er recht.«

Genau das hatte er nicht hören wollen. Er schrie mich an: »Einen, der so viel Geld bei mir verdient, den muss ich nicht loben! Ich schmeiß Sie raus!«

Ich stand auf und ging einfach. Ich fuhr mit dem Fahrstuhl hoch und klopfte an die Tür von Andreas, dem einzigen Kollegen, an dem mir etwas lag. Er war schon schlafen gegangen und öffnete verpennt die Tür.

»Andreas, ich will mich verabschieden. War eine schöne Zeit mit dir … «

Er ließ sich die Geschichte von mir erzählen. Dann zog er sich an und ging runter. Eine Stunde später kam er wieder hoch: »Bist wieder eingestellt. Hab's geregelt.«

Über die ganze Sache wurde nie wieder gesprochen. Auf diesem Kurs hart am Wind bin ich die kompletten sieben Jahre als Verkäufer gesegelt. Na, wenn ich ehrlich bin, in Wahrheit bis heute: immer kurz vor dem Kentern – aber pfeilschnell.

Ich habe in dieser Zeit im Zeitraffer gelernt. Jeden Tag. Zum Beispiel das: Lieber kein Geschäft als ein Scheißgeschäft! – Mit anderen Worten: Verkaufe hochpreisig und margenstark oder lass es bleiben.

Am meisten Marge brachten die gebrauchten Kopierer. Wenn die alten Teile nach drei oder vier Jahren vom Kunden zurückkamen, waren das Gehäuse und das Display meistens hinüber. Die wurden ausgetauscht, aber die Technik innen lief noch eine Weile, jedenfalls meistens mit nur geringem Reparaturaufwand. Wir nannten diese überholten und aufgehübschten Geräte »Rebuild-Maschinen« oder »Technikermaschinen«.

Der Clou dabei: Wir konnten bei dieser Gelegenheit den internen Kopienzähler ersetzen. Gestern noch 438.000 Kopien. Heute null. Das war zwar schon legal, aber hart an der Grenze. Wenn ein Kunde fragte, wie viele Kopien der Gebrauchtkopierer denn auf dem Buckel hätte, antwortete ich: »Oh, tut mir leid, das kann ich Ihnen nicht mehr sagen, der Zähler ist neu.«

Die Rebuild-Kopierer kosteten im Verkaufspreis nur knapp die Hälfte von den neuen Maschinen. Aber die Marge machte es aus: Auf einen neuen Kopierer erzielten wir ungefähr 100% Marge. Auf eine Rebuild-Maschine aber über 300%. Das heißt, ich verkaufte beispielsweise einen gebrauchten Kopierer mit einem rechnerischen Einkaufspreis von 4.000 Mark für 15.000 Mark! DAS ist ein gutes Geschäft! Jedenfalls für den Verkäufer …

Einmal kam ich zu einem Kunden, einem Steuerberater, der zwei Uralt-Technikermaschinen in der Ecke stehen hatte, die mein Vorgänger ihm mit einer Vertragslaufzeit von vier Jahren auf's Auge gedrückt hatte. Ich sah die Teile und wusste: Die überstehen das nicht! Ich fühlte mich extrem unwohl, weil ich wusste, dass mein Vorgänger diesen Kunden übers Ohr gehauen hatte. Kurzfristig hatte er viel Geld verdient, für die Firma würde es früher oder später einen Schaden geben, wenn uns das Geschäft auf die Füße fällt. Mein Rechts-empfinden raunte mir zu: Du musst die Teile zurücknehmen und er-setzen!

Und was tat ich? Überhaupt nichts. Augen zu und durch. Nur wenige Wochen später gaben die Geräte den Geist auf und mein Kunde war extrem verärgert und ruckzuck bei der Konkurrenz. Ich hatte sehen-den Auges einen Kunden verloren!

Ich schwor mir: Mach das nie wieder! Hör auf dein Gefühl und steck nie den Kopf in den Sand, wenn was schiefläuft!

Der rücksichtslose Vollgasmodus »Als-ob-es-kein-Morgen-gäbe« verlor wohl schon langsam seinen Reiz für mich. Vielleicht war es so, dass ich mich weiterentwickelt hatte und langsam mehr Überblick bekam: Es gibt eben doch ein Morgen!

Bestanden!

Und bei allem Ehrgeiz, bei allem Wettbewerb und bei allen Mau-scheleien: Schöne Erfahrungen habe ich gemacht, damals in der Ko-piererbranche! Ein Lieblingskunde von mir war zum Beispiel der Di-ätverband in Bad Homburg. Ich fand es lustig, dass ausgerechnet dort die Damen alle kräftig gebaut waren, um es höflich auszudrücken. Mir war schnell klar, wie das Spiel läuft: Jeden Nachmittag um 16:00 aßen die Damen Kuchen. Wenn der Diätverband also ein Faxgerät für einen neuen Außendienstler brauchte oder einen Kopierer, ging ich erst eine Ladung Kuchen kaufen und fuhr dann nachmittags bei ih-nen vorbei. Zuerst wurde gegessen. Dann holte ich die Verträge raus.

Das Resultat: Der Diätverband kaufte immer zum vollen Listen-preis. Sie haben mir aus der Hand gefressen. Aber bitte mit Sahne! Und das bedeutete: Mit dem netten Kuchenmann feilschst du nicht um den Preis. Ich konnte damals die Leute immer gut einfangen und vor meinen Karren spannen. Freitags beispielsweise kaufte ich einen Kasten Bier und setze mich zu den Jungs in der Werkstatt, den von den Verkäufern so getauften »Toner-Yogis« oder »Messdeppen«. Ich war der Einzige, der nicht über sie herzog. Stattdessen unterhielt ich mich immer nett mit ihnen und ließ dann fallen: »Hey, wäre cool, wenn ich meine Maschinen schon am Dienstag hätte.« – Und ich hatte sie am Dienstag. Ich bekam meine Geräte immer früher aus der Technik zurück als die anderen.

Ich investierte auch in Schokoladen-Nikoläuse oder Kuchen für die Mädels im Sekretariat. Die haben für mich dann auch um 17:00 noch Angebote geschrieben. Immer wenn ich nett war, führte ich was im Schilde. Gedanklich war ich immer schon einen Schritt weiter.

Ein anderes schönes Geschäft machte ich mit einem kleinen, drahtigen, cleveren Einkäufer einer großen Firma. Er war Kettenraucher, Reval ohne Filter, und extrem penibel. Von mir wollte er ein Faxgerät kaufen für 4150 Mark Listenpreis. Plus einen Servicevertrag für 45 Mark im Monat. Ein nettes, kleines Geschäft, an dem ich 600 Mark verdiente. Plus 180 Mark für den Service.

Der Mann war einerseits locker drauf und schimpfte wie ein Rohrspatz auf seine Chefin. Auf der anderen Seite machte er einen guten Job: Er striezte mich geschlagene acht Wochen über mehrere Termine mit seinem ollen Faxgerät. Er stellte jede Frage, die du dir ausdenken kannst und wollte eine volle Einweisung in das Gerät bis in die letzte Funktion, die das Teil hergab.

Ja, er hatte zum vollen Preis unterschrieben, aber durch den hohen Zeitaufwand war das Ganze schon längst nicht mehr rentabel. Trotzdem blieb ich seriös. Wenn der Kunde eine Frage hat, dann hat er eine Frage und ich schulde ihm eine saubere Antwort. Ich machte alles mit und ertrug es einfach. Du kannst dir deine Kunden nicht raussuchen.

Eines Tages saß ich mal wieder bei ihm und erwartete die hundertundsiebzigste Detailfrage. Stattdessen grinste er mich an: »Bestanden!« Ich kapierte nicht.

Doch als er 100 Faxgeräte orderte, verstand ich's: Er hatte mich wochenlang nur getestet! Er wollte wissen, ob ich zuverlässig bin. Und das bin ich! Deshalb machte ich diesen Megadeal! Und er wollte die 100 Geräte zum gleichen Preis wie das eine bestellen. Also völlig ohne Preisverhandlung! Und darauf 30% Provision – ein Fünftel meines Jahresverdiensts an einem Tag. Der größte Einzeldeal, den ich als Kopiererverkäufer jemals gemacht hatte.

Ich freute mich wie ein Ochse, der den Berg hinter sich hat. Aber dann kam die kalte Dusche: Ich musste den Deal mit seiner Chefin machen. Und die sagte: »Ich spreche nur mit dem Verkaufsleiter!«

Das darf doch nicht wahr sein! Immer wenn du denkst, du hast es geschafft, schickt dir das Leben einen Menschen, der sich vor dir aufbaut und »Nein!« sagt. Ich konnte es nicht fassen. Ich wollte doch das große Geschäft machen! Und es nicht meinem Verkaufsleiter überlassen! Ich hatte mir das verdient!

Was sollte ich tun? Wenn ich jetzt rumzickte, würde ich meiner Firma vielleicht eine knappe halbe Million Umsatz verspielen. Andererseits: Wenn ich brav mitspielte, wäre vermutlich die größte Provision meines bisherigen Lebens futsch, was für mich gleichbedeutend war mit dem ersten Wimbledon-Sieg für Boris Becker.

Im Leben gibt es immer wieder Moment, in denen du deine Erfolge verteidigen musst. Denn es gibt regelmäßig Leute, die ihn dir wegnehmen wollen. In diesen Momenten zeigt sich, ob du für dich einstehen kannst. Dabei geht es gar nicht unbedingt um's Geld, sondern um deinen Stolz!

Außerdem: einmal Hausmeister – immer Hausmeister! Wenn ich jetzt zurückzog und meinen Chef vorließ, würde dieser Kunde mich nie mehr wirklich ernst nehmen.

Also? Alles oder nichts! Ich nahm eine Visitenkarte von mir und schrieb darunter mit dem Füller: »Verkaufsleiter« – und reichte sie ihr.

Sie war verblüfft. Wollte protestieren. Aber dann sagte ich: »Schauen Sie: Wenn ich den Verkaufsleiter mitbringe, dann wird er jedem erzählen, dass er diesen Deal gemacht hat. Er wird einen guten Teil der Provision kassieren. Das ist nicht fair. Ich weiß, dass Sie das gar nichts angeht. Aber wissen Sie was? Wenn Sie das von mir verlangen, dann verzichte ich komplett auf das Geschäft und ziehe mein Angebot zurück. Bitte entscheiden Sie sich. Entweder keiner schreibt oder ich schreibe.«

Das war hoch gepokert. Aber egal. Aus meiner Sicht konnte ich den Deal nicht verlieren. Denn ich hatte ihn ja noch nicht. Du kannst nur was verlieren, das du hast. Ich aber konnte den Deal nur gewinnen. Oder eben nicht. Und – ich gewann ihn! Die Frau sah mich an, lachte und unterzeichnete.

Warmer Regen

Das war fast mein Meisterstück. Fast. Das eigentliche Meisterstück baute ich, nachdem ich gekündigt hatte. Und das kam so:

Ich war erst 27, aber die Nummer eins unter den Kopiererverkäufern. Mehr konnte ich in dem Job nicht schaffen. Also wollte ich in die nächste Liga aufsteigen, um dort die Nummer eins zu werden. Aber was war die nächst höhere Liga?

Das waren die Leute, zu denen ich aufschaute. Leute wie Torsten zum Beispiel, der mein erster Verkaufstrainer gewesen war, damals auf Burg Stromberg. Aber es gab auch Kunden, die ich bewunderte: Unternehmer. Clevere, erfolgreiche Geschäftsleute.

Unter den Trainern war ich schon bekannt, bereits über die Kopiererbranche hinaus: Limbeck, der Topverkäufer. Und nicht nur unter den Trainern: Damals rief mich etwa jede Woche ein Headhunter an. Gute Verkäufer und gute Führungskräfte kann eben jede Firma gebrauchen. Es hatte sich herumgesprochen, dass ich der jüngste Teamleiter weit und breit war. Das mästete natürlich mein Ego, aber ich blieb cool und sondierte meine Optionen. Die meisten Angebote kamen schon deshalb nicht in Frage, weil die Unternehmen mein aktuelles Gehalt nicht toppen konnten.

Am Ende sah ich drei Optionen für mich: Entweder ich werde Immobilienmakler. Es gab da so ein Makler-Franchise-System, in das ich mich einkaufen konnte, das so aussah, als würde ich dort ruckzuck Millionär werden. Oder ich werde Unternehmer und gründe in den neuen Bundesländern einen Kopierer-Vertrieb. Oder ich werde Verkaufstrainer. Es gab da ein Weiterbildungsinstitut, dessen Inhaber mir angeboten hatte, gleich als Partner einzusteigen. Die Leute kannte ich gut, sie hatten uns Verkäufer oft trainiert.

Beim ersten Gedanken fühlte ich mich nicht wohl: Das Immobiliengeschäft zog mich an und stieß mich gleichzeitig ab. Keine Ahnung, warum. Für den zweiten Gedanken war ich zu feige: Eine solche Gründung würde eine enorme Investition mit sich bringen. Für mich stand also fest: Ich will Verkaufstrainer werden. Ich nahm das Angebot des Weiterbildungsinstituts an und kündigte im Kopierervertrieb.

Ab diesem Moment war ich dort für den einen der beiden Chefs gestorben. Einfach tot. Er übersah mich, redete nicht mehr mit mir.

Aus. – Eine Kündigung persönlich nehmen? Wie kindisch ist das denn!

Der andere Chef, der gute, war auch schon längst rausgemobbt worden. Aber da war noch der neue Vertriebschef, und mit dem saß ich zusammen, um die Einarbeitung meines Nachfolgers zu besprechen. Ihm erzählte ich ganz offen, was ich vorhatte. Und der fand das auch legitim, immerhin ging ich ja nicht zur Konkurrenz.

Er überlegte kurz und fragte mich dann: »Limbeck, Sie kennen unser Geschäft so gut. Können Sie nicht Ihren Nachfolger noch einige Wochen trainieren? Also training-on-the-job-mäßig? Dann bringen Sie den in Schuss. Wir haben was davon und Sie haben gleich Ihren ersten Auftrag als Trainer. Wie wär's?«

Ich staunte. Das war absolut unüblich. Und wäre ein super Start für mich. Aber ich wusste, dass das nicht klappen konnte. Der andere Chef war so sauer auf mich … Aber vielleicht … wie konnte ich den Chef, der vor mir saß motivieren?

Ich schaute ihn scharf an und sagte: »Ich geb Ihnen die Hand drauf. Aber eins prophezeihe ich Ihnen: DAS setzen Sie beim anderen Chef nie durch. Nie und nimmer!«

Ich wusste, dass das sein wunder Punkt war: sich durchsetzen. Ich wollte ihn anstacheln.

Wir gaben uns die Hand und ich wartete ein paar Tage.

Es klappte!

Dem alten Arbeitgeber die Einarbeitung des Neuen gleich als Training-on-the-Job zu verkaufen und das gleichzeitig als ausgedehnte Abschiedstour bei allen Kunden zu nutzen. Wow! Das war ein Superdeal. Das sprach sich herum. Und ich dachte, ich bin Superman, Spiderman und Captain America in einer Person.

Das machte mich ein wenig übermütig: Für die Abschiedstour bastelte ich ein dreistes Faxformular mit Werbung für mich als Trainer, sodass meine ehemaligen Kunden mich gleich als Verkaufstrainer buchen konnten. Klar, die Kunden fragten mich immer: »Was machen Sie denn jetzt?« – Und dann zog ich das Faxformular aus der Tasche. Hübsch ausgedacht. Aber es funktionierte nicht. Denn das war dann wohl des Guten etwas zu viel. Keiner buchte mich. Nicht ein Einziger. Und ich kapierte: Limbeck, jetzt bist du wieder der Frischling. Du startest wieder von unten und musst dich erst mal wieder hocharbeiten. Manchen war mein forscher Anbaggerversuch sogar etwas peinlich.

Wenn's peinlich wird, weißt du: Hier ist die Grenze der Reifenhaftung in der Kurve. Noch schneller und du fliegst aus der Kurve. Gut, dass ich das jetzt wusste!

Mein Ruf war: Der Limbeck ist ein frecher Hund. Aber du musst eben auch mal frech sein! Du musst auch mal über die Grenzen gehen. Nicht nur, weil's Spaß macht, sondern vor allem, weil du sonst nicht weißt, wo die Grenze ist.

Aber als ich mit meinem Nachfolger im Schlepptau zu meinem 100-Kopierer-Einkäufer, dem kleinen cleveren Kettenraucher kam, erlebte ich nochmal einen warmen Regen. Aber zuerst war das Klima wie Ostwindwetterlage: Er saß vor uns und seine verschmitzte Freundlichkeit war wie weggeblasen, die herzliche Atmosphäre zwischen uns, die wir uns gemeinsam erarbeitet hatten, war eingefroren. Er sah uns kühl an und redete kaum. Ich dachte: Nimmt jetzt auch noch der mir übel, dass ich gekündigt habe?

Aber das war nur ein Spiel. Irgendwann im Gespräch lehnte er sich vor und sah meinem Nachfolger in die Augen: »Hören Sie gut zu. Zu den Preisen, zu denen der Limbeck verkauft hat, werden Sie hier niemals was verkaufen!«

Dann zwinkerte er mir zu und lehnte sich wieder zurück.

Das heißt: Die ganze Zeit über hatte er genau gewusst, dass er eigentlich zuviel gezahlt hatte, dass noch jede Menge Verhandlungsspielraum drin gewesen wäre bei unserem großen Geschäft. Er mochte mich halt. Und das ist die skurrile Art und Weise, wie Männer sich das bisweilen mitteilen.

Ganz ehrlich: Ich mochte ihn auch.

3.   Sieger werden nicht geboren

Ok. Ich war jetzt wieder Rookie. Bei meinem Vorbild Torsten, meinem ersten Trainer damals auf Burg Stromberg, der inzwischen mein Freund geworden war, hatte ich ja gesehen, was du als Trainer so darstellen solltest. Das war immer meine Masche: Mich an den Leuten orientieren, die da sind, wo ich hinwollte. Und dann alles daran setzen, sie zu übertrumpfen. Auch mit Torsten lief das exakt so: Er hatte einen Schnitzer BMW 3er, also holte ich mir einen M3.

M3, das stand für mich für »Monday Morning Must« – ich freute mich schon das ganze Wochenende drauf, am Montagmorgen wieder auf's Pedal zu treten.

Wie du siehst: In dem geistig-seelischen Stadium, in dem ich mich damals als Jungtrainer befand, spielten Autos, Automarken, Tuner und Sonderausstattungen plötzlich eine große Rolle. Ein tiefer gelegter Suzuki Swift reichte definitiv nicht mehr aus, weder praktisch auf der Autobahn, noch reputationsmäßig. Autos waren ein Ausdrucksmittel. Wenn du denkst, der Limbeck hat doch eins an der Waffel mit seinen Autos, dann lass dir gesagt sein, dass jedes Milieu seine speziellen Statussymbole hat: Für die einen ist es das Patenkind in der Dritten Welt, für den nächsten das Privileg nicht erreichbar sein zu müssen, für den dritten ist es intellektuelles Geschwurbel mit Fremdwörtern, Konjunktiven, Philosophenzitaten und Nebensätzen. Wer frei von Statussymbolen ist, werfe den ersten Stein! Für mich und meine Kollegen war das Auto eine Art von Körpersprache: Schau her, das bin ich, so bin ich, das will ich darstellen.

Und ich wollte eben M3 sein: ein Sieger, ein Geschoss, immer auf der Überholspur. In drei Jahren brauchte ich elf Paar Nebelscheinwerfer, weil die für den Dauerbetrieb im Rückspiegel der von mir gejagten Wagen nicht ausgelegt waren.

Limbeck, der Verkaufstrainer, war also als Sieger konzipiert. Wie wirst du Sieger? Als Sieger wirst du nicht geboren. Du wirst gemacht. Wie? Durch Erfolge. Ein Erfolgserlebnis gibt dir ein Stückchen Selbstsicherheit und Ausstrahlung. Die Selbstsicherheit und die Ausstrahlung helfen dir beim nächsten Erfolg. Das neue Erfolgserlebnis gibt dir wieder ein Stückchen mehr Sicherheit und Ausstrahlung. Und so weiter. Die Siegerstraße ist keine Allee, sondern eine steile Bergstraße, die spiralförmig aufwärts führt bis zum Gipfel.

Was ist Erfolg?

Als Sieger hast du ja eigentlich keine Probleme, sondern nur Herausforderungen. Ich hatte aber trotzdem ein Problem: Ich spürte den Erfolg nicht. Das alles war innen hohl. Ich konnte die Erfolge gar nicht wirklich annehmen als etwas, das zu mir gehörte. Ich freute mich gar nicht besonders, feierte nie ernsthaft. Es fühlte sich an wie selbstverständlich. Du verkaufst wie ein Tier – völlig normal, ich mach halt meinen Job. Du stehst oben im Ranking – gut so, aber nichts Besonderes. Du verdienst einen Riesenhaufen Schotter – ist ja auch fair für das Geschufte.

Das heißt: Du bist wie ein Krug ohne Boden. Oben fließt das Wasser rein, aber du wirst niemals voll. Du musst immer weitermachen, immer mehr Abschlüsse, immer mehr Provision, immer mehr Erfolgserlebnisse – aber der emotionale Wasserstand in dir drin bleibt immer niedrig, der Pegel kann nie steigen. Das Schlimmste wäre, er würde fallen! Also gibst du weiter Gas. Und so wirst du ein Getriebener.

Als ich noch Verkäufer war, gab es für die Superergebnisse natürlich auch Incentives, die kleinen Karotten, die den Verkäufern vor die Nase gehalten wurden, damit sie rennen: hier eine Uhr, da eine Reise, dort ein Extrabonus und all der Kram. Die meisten lassen sich davon antreiben. Ich war schon längst darüber hinaus. Ich war so getrieben, dass mich das nie motiviert hat. Ich habe meinem Chef immer gesagt: Komm lass stecken, sammle die Kohle und schick mich damit auf ein Extratraining. Ich wollte nämlich immer noch besser werden. Das war der eigentlich Antrieb! Und der brachte mich auf eine irrrsinnige Umdrehungsgeschwindigkeit.

Ich sammelte in dieser Zeit die Erfolge so schnell ein, dass ich alle um mich herum abhängte. Also raste ich die Siegerstraße hinauf wie ein Bekloppter. Dementsprechend aufgemotzt war mein Sieger-Ego: Ich war der mit der größten Klappe. Aber auch der mit am meisten dahinter.

Mein nach außen gekehrtes Monster-Ego war aber der direkte Spiegel meines Minderwertigkeitsgefühls im Innern. Nach außen gab ich den Sieger, dabei war ich ein Bündel Angst.

Meine Klappe war in Wahrheit deshalb so groß, weil keiner sehen sollte, wie minderwertig ich mich fühlte. Und mein Fleiß und meine Hartnäckigkeit waren so groß, weil ich panische Angst davor hatte, dass mein Erfolg aufhört. Die alten Hasen sagten immer mit spöttischem Unterton: Jaja, Limbeck, warte nur. Jeder hat mal ein Loch. Du lehnst dich ganz schön weit aus dem Fenster. Irgendwann mal fällst du ...

Und weil mir das nicht passieren durfte, legte ich immer noch eine Schippe drauf.

Ich kam aus einer engen, kleinen Welt und suchte eigentlich nur das Leben. Was ich fand, war der Erfolg. Nur ist das nicht dasselbe!

Weil ich kein anderes Maß hatte, nahm ich die Umsatzzahlen und leitete davon ab, dass ich ein Sieger war. Heute weiß ich, was wirklich Siegernummern sind: Wenn du mit dir im Reinen bist. Wenn du gefunden hast, was du liebst, und es geschafft hast, genau das jeden Tag zu tun. Wenn du mit dem Leben klar kommst. Wenn du eine stabile Familie aufgebaut hast. Wenn du intakte Beziehungen pflegst.

Von all dem war ich damals noch meilenweit entfernt. Was ich merkte: Die anderen Menschen um mich herum wendeten sich von mir ab. Sie trauten mir nicht. Sie sprachen hinter meinem Rücken über mich. Sie gönnten mir den Erfolg nicht. Darum wurde ich arrogant.

Oder umgekehrt: Ich wurde arrogant – und darum wendeten sie sich ab, trauten mir nicht, redeten schlecht über mich und gönnten mir nichts. Ich weiß nicht, was zuerst da war. Aber genau so, wie meine Erfolge auf der Aufwärtsspirale nach oben liefen, gingen meine Beziehungen zu den Menschen um mich herum auf einer Abwärtsspirale nach unten.

In der Schule hatte ich zuerst nie Freunde gehabt, weil ich der doofe Karlsson war und weil nach meinem Umzug alle Kontakte gekappt waren. Meine späteren Freunde als Jugendlicher waren Drucker, Schlosser und so weiter geworden, hatten ganz normale Jobs. Ich konnte mit denen die Freundschaften nicht halten, unsere Lebenswelten lagen viel zu weit auseinander.

Derjenige, zu dem ich früher die engste emotionale Bindung hatte, war mein Freund Rich aus den USA. Aber eines Tages hatte ich die traurige Nachricht bekommen, dass Rich an einer Überdosis gestorben war. Ich hatte meinen geistigen Bruder verloren.

Und das war für mich ein Beweis mehr, dass es sich nicht lohnte auf Freundschaften zu setzen.

Viele waren ohnehin neidisch auf mich, auf meine viele Kohle, auf die Autos, die ich fuhr, meine Urlaubsreisen. Ich war ihnen unnahbar, suspekt geworden. Ich wollte ja schon den Kontakt, aber ich spürte auch so eine immer dicker werdende Eiswand zwischen uns. Und jetzt war ich auch noch ständig unterwegs. Am Wochenende hatte ich einen Tag, um auszuschlafen, einen Tag, um die nächste Woche vorzubereiten und schon ging es wieder auf die Piste. Da war keine Zeit für Freunde eingeplant.

Außerdem war ich ein Angeber. Wer wollte das schon hören …

Was ich mir stattdessen suchte, waren Zweckbeziehungen, Ersatzfreundschaften, Vorbilder: Leute, meistens älter als ich, von denen ich glaubte, dass ich von ihnen profitieren könnte.

Verstehst du, wie ich drauf war? Beziehungen waren mir im Grunde scheißegal. Ich fühlte mich ein Stück weit allein auf der Welt. In diesem emotionalen Zustand hatte ich noch als Verkäufer mal mitbekommen, wie ein Verkäufer eines Konkurrenzunternehmens in meinem Gebiet an einen Kunden von mir ein Faxgerät verkauft hatte, indem er mich im Preis deutlich unterboten hatte. Der Kunde war für mich verloren. Ich traf den Typen zufällig, erkannte ihn und packte ihn am Kragen: Du Vollidiot! Du bist kein Verkäufer! Du bist ein Verteiler! Du Verschenker! Du bist so was von doof und dämlich! Du hast mir den Deal kaputt gemacht! Du armseliges Würstchen! – Wir haben uns angeschrien und geprügelt. Irgendeiner ist dann dazwischen gegangen.

Daran kannst du erkennen, wie dünn der Lack damals war.

»Sie schaffen das nie!«

Mein erster Auftritt als Trainer war im Friseurbusiness. Ich schulte Verkäufer, die Zubehör an Friseure verkauften. Von der Branche hatte ich keine Ahnung und war supernervös. Aus lauter Versagensangst nahm ich viel zu viel Trainingsmaterial mit. Erst als ich in meinem Stoff war, wurde ich ruhiger. Verkaufen ist schließlich überall dasselbe, ob es um Kopierer geht oder um Haartrockner.

Ich machte mit den Teilnehmern ein Rollenspiel zum Thema Einwandbehandlung: Stellt euch vor, der Kunde sagt das Übliche: Kein Interesse, schon versorgt, keine Zeit, kein Bedarf, kein Budget …

Die Aufgabe meiner Teilnehmer war, mit diesen typischen Einwänden umzugehen und einen Airstyler für 3895 Mark gegen die Widerstände zu verkaufen. Das Teil war ein Zwitter aus Lockenstab und Fön, mit der Besonderheit, dass es die Luft nicht reinblies, sondern ansaugte. Keine Ahnung wieso. Aber es ging darum, dass meine Teilnehmer lernten, das Ding an die Friseure zu verkaufen.

Der Trick: Wir schickten nicht gleich die Verkäufer raus, sondern geschulte Friseure als »Fachberater«. Die Friseure sollten mit denen einen Tag lang ohne Berechnung das Gerät kennenlernen. Abends kam dann der Verkäufer und sollte den Auftrag »knipsen«, also den Sack zumachen. Dabei mussten alle Einwände aus dem Weg geräumt werden. Und das vorzubereiten war mein Job.

Wir waren also mitten im Rollenspiel und derjenige, der den Kunden spielte, war ein richtig guter Typ, ein cleveres Bürschchen. Ich machte das große Mäxchen und führte allen vor, wie du das meisterhaft machst mit der Einwandbehandlung. Ich wartete auf die üblichen Gründe für den Nichtkauf. Und natürlich hatte ich auf alle möglichen Einwände mehrere passende Antworten auf Lager.

Aber stattdessen sagte das Bürschchen: »Sind Sie überhaupt Friseur?«

Und ich blieb stumm. Darauf hatte ich keine Antwort parat. Ich war platt. Er hatte genau ins Schwarze getroffen, meine eigentliche Angst mit einem Schuss an die Wand gepinnt.

Irgendwie wand ich mich raus: »1:0 für Sie. Herzlichen Glückwunsch«, oder so ein blöder Spruch. Es war aber klar: Ich war der Loser.

Ich fühlte mich dermaßen beschisssen. Meine nach außen gekehrte Selbstsicherheit schrumpfte innerhalb von Sekunden auf die Größe meines wahren Selbstwertgefühls: Haselnussgröße. Ich glaube, ich bin sogar rot angelaufen wie ein Erstklässler.

Heute wüsste ich genau, was ich mit so einer Frage mache. Heute würde ich den Nutzen für die Teilnehmer in den Fokus nehmen und so etwas sagen wie: Super Einwand, lasst uns eine Antwort erarbeiten. Was könntet ihr darauf sagen? – Damals war ich noch so blöd und dachte, es ginge darum zu beweisen, wie superklassetoll ich bin. Nur niemals Schwäche zeigen!

Dabei geht's darum überhaupt nicht. Um gute Verkäufer zu schulen musst du überhaupt nicht beweisen, der beste Verkäufer im Raum zu sein. Klar, du musst gut verkaufen können, sonst kannst du auch niemanden schulen. Das ist beim Verkaufen auch nichts anderes als in der Fahrschule. Aber das genügt eben nicht. Du musst die Teilnehmer begeistern können, anstecken, mitreißen, dafür sorgen, dass der Funke überspringt. Vor allem musst du den Prozess gut steuern können, damit sich die Teilnehmer verändern und verbessern können. Aber meine Programmierung war: Limbeck ist immer der Beste!

Mann war das Eis dünn, auf dem ich da herumschlitterte!

Jeden Abend nach den Trainings machte ich bei den Teilnehmern Schönwetter, um ja gute Bewertungen zu bekommen und vielleicht Folgeaufträge zu ergattern. Da schleimte ich vor Menschen rum, die überhaupt nicht meine Blutgruppe hatten. Ich verbog mich und fischte Komplimente, lechzte nach Lob und Anerkennung, las mit klopfendem Herzen die Beurteilungsbögen.

Bei einem anderen Training in der Telekommunikationsbranche machte ich mal eine Übung namens »Heißer Stuhl«: Ein Teilnehmer nach dem anderen wird nach vorne geholt und auf einen Stuhl gesetzt, die Meute im Rücken. Dann gebe ich einem in der Gruppe ein Kärtchen mit einer offenen Frage aus einem typischen Verkaufsgespräch, er liest sie vor und der Mann auf dem heißen Stuhl muss sofort antworten, null Bedenkzeit. Das ist ganz schön anspruchsvoll.

Eigentlich ist die Übung nicht dazu gedacht, jemanden fertigzumachen, sondern dazu, den Stoff in die ganze Gruppe reinzuprügeln und die Schlagfertigkeit zu trainieren. Die Übung ist enorm effektiv, ich mache sie auch heute noch. Aber an dem Tag hatte ich einen schmächtigen jungen Mann auf dem heißen Stuhl, der sich extrem verunsichert gab. Er tat sich wahnsinnig schwer mit dieser künstlichen Drucksituation. Schon nach wenigen Fragen war er fertig mit den Nerven. Er wollte nur noch raus aus der Situation.

Aber ich zwang ihn weiterzumachen. Er kam in eine totale Blockade, nichts ging mehr. Ich presste ihn weiter. Da fing der Mann an zu heulen.

Und ich: »Oh Mann ... Wissen Sie was? Sie schaffen das nie!«

Das Feuerzeug

Genau. Ich war genauso ein kleines Arschloch wie damals meine armseligen Lehrer, die mich fertiggemacht hatten. Jetzt hatte ich einfach die Rollen getauscht. Nach dem Training hat es mir leid getan, dass ich den Jungen so gestriezt hatte. Gleichzeitig dachte ich aber auch, dass ich die Verkäuferzunft vor solchen Losern sauber halten musste. Wie überheblich war das denn!

Einen rauspicken, das tat ich immer gern. Den Klassenclown zum Beispiel. Ich wollte schließlich keinen haben, der neben mir Lacher erntete. Sobald ich so einen identifiziert hatte, nahm ich ihn auf's Korn: Dass die Frage von Ihnen kommt, ist ja klar … Na, haben Sie das jetzt auch kapiert? … Na, wenn der das versteht, dann verstehen's jetzt alle … He, Sie, schreiben Sie das nochmal gesondert auf!

Was passierte? Logisch: Die Gruppe verbündete sich mit dem Angegriffenen, die Dynamik richtete sich gegen den Angreifer, also gegen mich. Alle dachten: Du arrogantes Arschloch!

Eines Abends kam ich ins Seminarhotel, wo ich am nächsten Tag ein Training halten würde. Ich setzte mich noch auf einen Absacker an die Bar und merkte schnell, dass einige der Teilnehmer vom nächsten Tag auch da waren. Sie unterhielten sich über das Seminar und den Limbeck. Ich gab mich aber nicht zu erkennen und hörte zu, scharf auf Anerkennung, wie ich war. Ich wollte hören, dass ich der Beste sei, dass mir beim Verkaufen keiner was vormachte und so weiter.

Ich spitzte die Ohren: Der Limbeck? Das ist ein super arrogantes Arschloch! Der glaubt, er wär's! Das soll ja so ein richtiger Drill Instructor sein! Ja, der ist gnadenlos. Ein harter Hund, hab ich auch gehört. Der pickt sich immer einen raus und macht den fertig, der Wichser. Das ist doch bekannt! Der geht zur Sache, der macht dich fertig, wenn du ihm in die Schusslinie kommst. Das wird kein Spaß morgen. Oh, Mann ich hab keinen Bock auf den Scheiß morgen. Der führt uns vor.

Ich saß da mit meinen Erdnüssen und meinem Weinglas und sonnte mich in den Sprüchen vom harten Hund und vom Drill Instructor. So ist's recht, dachte ich. Aber je mehr mir klar wurde, welches Bild die Teilnehmer wirklich von mir hatten, desto schlechter ging es mir. War ich wirklich so ein Arschloch? Mach ich das wirklich, Leute rauspicken und fertigmachen? – Ja, natürlich machte ich das! Ich wollte mitsamt meinem Barhocker im Boden versinken, aber ich hörte weiter zu. Und hätte heulen können.

Eigentlich wollte ich doch nur Anerkennung. Mir war nicht klar gewesen, wie weit weg ich von ehrlicher menschlicher Anerkennung war. Jetzt erkannte ich, dass ich einzelne Teilnehmer geopfert hatte, um in den Hochstatus zu kommen. Und dass jeder Einzelne, den ich in die Pfanne gehauen hatte, nun auf meinem Reputationskonto auf der Minusseite stand. Ich erkannte, dass ich meinen mangelnden Selbstwert überkompensiert hatte und mir das unterm Strich überhaupt nichts half.

Einer nach dem anderen fiel mir wieder ein: In Hamburg hatte ich mal zwei wirklich gut aussehende Teilnehmer, einen Mann und eine Frau. Sie sahen ein wenig aus wie Barbie und Ken – und schon hatten sie ihren Spitznamen bei mir weg. Ich ritt das ganze Seminar über darauf herum. Die beiden amüsierte das natürlich wenig. Auf ihrem Rücken schlitterte ich durch die ganzen vier Wochen. Am Ende des Seminars war die Gruppe – inklusive Ken und Barbie – dann noch super nett. Sie schenkten mir ein teures Dupont-Feuerzeug, ein wunderschönes silbernes Teil, sie hatten sogar meine Initialen ML eingravieren lassen.

Ich nahm das gar nicht richtig wahr, denn ich war schon auf das Abschlussgespräch mit dem Chef programmiert, vor dem ich gut dastehen wollte, um einen Anschlussauftrag zu bekommen. Ich holte das Feuerzeug heraus und prahlte vor ihm damit herum, um ihm zu demonstrieren, wie zufrieden die Teilnehmer mit mir gewesen waren.

Der Chef sagte: »Oh, wow. Trainer wäre ich auch gern, wenn man da solche Geschenke bekommt.«

Ich entgegnete: »Hätten Sie mal was Gescheites gelernt!« – Wumm!

Er hatte einen Doktortitel und war Hauptabteilungsleiter in einem großen Unternehmen mit Weltruf – und ich signalisierte ihm mit meinem Spruch: Sie haben doch keine Ahnung!

Mann, hatte ich's nötig! Später nahm ich das Feuerzeug immer wieder gerne als Anschauungsmaterial und gab damit vor Seminarteilnehmern an, was für ein tolles Geschenk ich bekommen hatte. Warum? Na, klar, um wieder ein schönes Geschenk zu bekommen!

Das heißt nichts anderes als: Ich hatte zuwenig Selbstwert, zu wenig Größe, um dieses Feuerzeug als Geschenk anzunehmen. Als es ein paar Mal runtergefallen war und deswegen ein paar Macken bekommen hatte, legte ich es weg, weil es nicht mehr perfekt war.

Erst Jahre später wurde mir klar, was für eine große Geste dieses Feuerzeug eigentlich war – völlig unabhängig vom materiellen Wert. Irgendwann hatte ich es geschnallt. Ich suchte es, holte es aus einer Schublade und trage es seitdem immer bei mir, auch heute noch. Es ist da schönste Geschenk, das ich in meiner kompletten Zeit als Verkaufstrainer bekommen habe. Heute kann ich nachträglich sagen: Danke! Und heute ehre und schätze ich auch alle Kanten und Macken …

Lustigerweise bucht mich der Kunde heute bei seinem neuen Arbeitgeber immer noch. Erst neulich war ich wieder bei ihnen. Wir saßen zusammen beim Briefinggespräch, da sprachen wir über alte Zeiten. Der Chef erinnerte sich mit mir an die Feuerzeuggeschichte. Wir lachten und wunderten uns darüber, wie lange wir uns schon kennen. Für mich ein weiteres Beispiel dafür, dass du dich nicht zweimal im Leben triffst, sondern meistens mindestens dreimal – bleib also immer schön sauber!

Geknipst

Damals aber war ich noch nicht so weit. Ich wusste mittlerweile, dass ich der beste Verkäufer und der beste Verkaufstrainer war – und den Ruf hatte, ein Arschloch zu sein. Nur dachte ich damals, dass es da einen Entweder-oder-Mechanimus gab: Entweder du bezahlst den Preis ein Unsympath zu sein, der beneidet und angefeindet wird, oder du bist eben nur ein mittelmäßiger Verkaufstrainer. Entweder oder. Ich sah nur den Ausweg, der Hardseller zu sein. Ich bin der Beste, also kann mich keiner leiden. Keiner will, dass du oben bist! Aber lieber kann mich keiner leiden, als dass ich nicht mehr der Beste wäre.

Aus diesem Denken heraus akzeptierte ich, keine Freundschaften haben zu können, und pflegte deshalb auch keine Freundschaften. Aber hinter den Schürzen war ich schon her …und wenn ich was wollte, dann bekam ich das auch. So war ich's gewohnt.

Ich war mal wieder samstags im Autohaus, Nebelscheinwerfer austauschen. Da sah ich eine Frau, eine Kundin des Autohauses, und dachte: Die kennst du. Ich hatte sie schon früher bei einem der Nachbarn meiner Eltern kennengelernt. Jetzt erkannte ich sie wieder. Und sie sah super aus!

Ich sagte zu dem Werkstattinhaber: »Hey, die da kenn ich. Die fand ich schon immer klasse. Die date ich!«

Er: »Das kannste vergessen. Die war schon mit ihrem Freund da.«

Ich: »Egal. Wenn ich die will, kriege ich die.«

Also ging ich hin und akquirierte sie.

Beim Flirten wurde sie ganz hektisch, ihr Geldbeutel fiel ihr runter, ein Pfennig rollte raus. Ich sagte ihr: »Oh, das soll was bedeuten. Das ist ein Glückspfennig. Dein Geldbeutel sagt, ich soll dich einladen. Gehste mit mir essen?«

Sie lachte und nickte.

Also holte ich sie eines Abends ab, führte sie im Westend zum Italiener aus und machte das, was ich am besten konnte: Ich führte ein Verkaufsgespräch. Elf Gemeinsamkeiten arbeitete ich als schlagende Verkaufsargumente heraus. Elf, meine Glückszahl. Am nächsten Tag kaufte ich elf Rosen und schickte sie ihr.

Dann ließ sie mich zwei Wochen zappeln und meldete sich nicht mehr. Das machte mich beinahe wahnsinnig.

Ich ging auf die Überholspur und forcierte den Abschluss, drückte alle Knöpfe, die mir einfielen. Ich war zwar schon verknallt bis über die Ohren, es ging jetzt aber nicht mehr um die Frau, schon gar nicht um meine Gefühle für sie, sondern darum, zu knipsen. Ein Nein konnte ich nicht akzeptieren, denn N.E.I.N. ist nur eine Abkürzung für: noch ein Impuls nötig. Also blieb ich dran.

Eines Abends hatte ich sie am Telefon so weit. Ich war ja als Trainer viel unterwegs und darum gerade in Nürnberg. Sie war in Neu-Anspach bei Frankfurt. Wir trafen uns kurzerhand in Würzburg in der Mitte. An diesem Abend kaufte sie.

Wir waren zusammen. Kurz darauf zog ich bei ihr ein. Ihre Tochter, die sie allein erzog, mochte ich von Anfang an sehr gern. Das passte. Ein paar Wochen später machte ich ihr einen Heiratsantrag. Noch ein paar Wochen später heirateten wir.

Mein Vater schnappte mich und führte ein Gespräch mit mir: »Junge. Vorsicht. Ohne Ehevertrag geht gar nix.«

Aber ich hörte nicht richtig zu. Ich wollte keinen Ehevertrag. Aus meiner Sicht lief alles bestens. Ich war 27, hatte schon 200.000 Mark auf der Seite, hatte aus meiner Sicht schon alles erreicht. Das Einzige, was mir noch fehlte, war jetzt eine Familie. Ich dachte nur im Vorwärtsmodus. Eine Scheidung kam gar nicht in Betracht. Gottseidank hörte ich irgendwann doch noch auf meinen Vater und seinen Rat mit dem Ehevertrag.

Die Hochzeitsreise ging nach Mauritius. Alles war wunderbar. Ich lag im Bungalow und ruhte mich aus und hörte sie wegen irgendwas rumzicken. Ich dachte: Das gibt's nicht. Dies ist das Paradies und sie ist unzufrieden. Wie können wir frisch verheiratet sein und so unterschiedlich ticken. Plötzlich fiel mir ein Gedanke in den Kopf, der mich ehrlich erschreckte: Martin, du hast die falsche Frau geheiratet!

Ich dachte in dem Moment, ich bin im falschen Film.

Du wolltest die Entscheidung ...

Zurück im Alltag, zurück auf der Straße, zurück beim Kunden: Bei einem großen Unternehmen hatte der Chef, dessen Team ich trainierte, eine neue Mitarbeiterin: Angela. Sie war blond, sie war 90-60-90, sie stand auf mich. Flirten, das kann ein guter Verkäufer. Wir turtelten. War ja nur Spaß.

Ihre Aufgabe war, das Seminar zu organisieren und dafür zu sorgen, dass im Seminarhotel alles glattging. Außerdem kam sie in der Hierarchie direkt unterm Hauptabteilungsleiter Personalentwicklung und war damit eine für mich wichtige Entscheiderin. Das Training dauerte vier Wochen, da gibt es genügend Gelegenheiten, sich näherzukommen. Eines Abends gab es Anlass zum Feiern: Ich hatte Geburtstag und gab an der Hotelbar einen aus.

Angela hatte sich ein ganz besonderes Geschenk ausgedacht: sich selbst. Die Verpackung war bereits extrem geil, ein superenges Kleid mit einem mega Dekolletee. Du bekamst kaum Luft, wenn du da draufstarrtest. Außerdem schenkte sie mir eine rote Rose und schaute mich mit Augenaufschlag an. Das Flirten machte extrem Spaß an dem Abend und ich spielte mit. Ich dachte: Wer hat wohl die höhere Abschlussquote von uns beiden? Sie dachte: Ist der in anderen Dingen auch so gut wie beim Reden?

Irgendwann ging ich ins Bett aufs Hotelzimmer. Als es an der Tür klopfte, war ein Teil von mir extrem erschrocken, ein anderer wusste genau, was los ist. Ich schlich im Dunkeln zu Tür und schaute durch den Spion: Angela, im Bademantel.

Jetzt gab es zwei Möglichkeiten. Möglichkeit Nummer eins: reinlassen, Spaß haben. Allerdings hätte ich dann Schwierigkeiten in der Zukunft mit diesem Kunden. Da wären Abhängigkeiten entstanden. Ich wäre nicht mehr frei gewesen in der Kundenbetreuung. Das wäre unprofessionell gewesen.

Möglichkeit Nummer zwei: nicht reinlassen. Auch schwierig: kein Spaß. Und ebenfalls Schwierigkeiten in der Kundenbetreuung, denn dann hätte ich vielleicht eine wichtige Person beim Kunden gekränkt und künftig gegen mich.

Hm. Pest oder Cholera?

Ich starrte durch den Spion und hielt die Luft an. Zwischen ihrer geballten Weiblichkeit und meiner geballten Männlichkeit waren nur 30 cm und eine geschlossene Tür. Meine Hand ruhte auf der Klinke.

Die Versuchung war sehr groß. Mein Kleinhirn brüllte: Lass sie rein! Nimm sie dir! – Mein Großhirn grübelte: Was ist besser für deine Karriere? Und irgendwo in meinem Kopf sagte eine Stimme: Martin, du bist verheiratet!

Diese innere Stimme setze mich schachmatt. Ich entschied, indem ich gar nichts entschied: Ich blieb hinter der Tür stehen und schaute ihr durch den Spion in den Ausschnitt des Bademantels, bis sie genervt abzog.

Nun ist es eben so: Eine Granate wie Angela wird nicht gerne abgewiesen. Ab diesem Moment war ich beim Kunden raus aus dem Geschäft, dafür hatte sie gesorgt. Ich fühlte mich elend. Meine Ehe lief ja sowieso schon schlecht. Ich dachte nur: Martin, du Vollidiot. Hättest du bei der Gelegenheit mal liebevolle Kundenbetreuung gemacht!

Stattdessen versuchte ich, meine Ehe zu kitten. Dass das Ganze ein Fehlkauf sein sollte, war für mich keine Option. Ich war katholisch programmiert, da gibt es keine Scheidungen. Du musst dir nur ein bisschen Mühe geben, dachte ich. Darum begann ich, mir Mühe zu geben – indem ich unsere Ehe schönzureden versuchte.

Ich kaufte schöne Sachen. Ich kaufte ein schönes Haus und steckte Geld in die Renovierung. Ich kaufte teure Geschenke beim Goldschmied. Ich versuchte den emotionalen Graben zwischen uns auf der materiellen Ebene zuzukleistern. Heute weiß ich: Das kann nicht klappen!

An meinem 30. Geburtstag haute ich auf den Putz: Ich lud Familie und Bekanntenkreis ins Steigenberger ein, mit Band und allem drum und dran, als ob es mein 60. gewesen wäre. Mein Vater hielt eine kleine Rede, mein Geschäftspartner hielt eine und dann auch meine Frau, zusammen mit meiner Stieftochter. Dabei sagte meine Frau auch einen Satz: »Wäre schön, wenn er mal mehr daheim wäre.«

Einige Gäste diskutierten diesen Satz lebhaft: Erst will sie, dass er erfolgreich ist, also geht er raus und ist erfolgreich. Und jetzt soll er mehr da sein. Wie soll das gehen?

Genau das war der Punkt. Sie wollte eine »ganz normale Ehe«. Das hieß für sie: Der Martin soll sie öfter ausführen und öfter zuhause sein und sich um sie kümmern. Einerseits sollte ich einen Haufen Schotter mit nach Hause bringen, damit sie sich verwirklichen konnte, andererseits viel öfter zuhause sein, die Kinder mitversorgen und mit der Schürze in der Küche stehen und die Spülmaschine ausräumen. Der Klassiker. Ich war aber in einer ganz anderen Welt unterwegs, nämlich auf der Überholspur auf irgendeiner Autobahn in Deutschland. Mit meiner Arbeit und meinem zugehörigen inneren Antrieb konnte sie überhaut nichts anfangen. Sie war überhaupt nicht stolz auf meinen Erfolg. Sie unterstützte mich in keinster Weise. Sie verstand nicht, dass ich den Angelas dieser Welt widerstand, von denen ich jeden Abend eine hätte haben können, denn Erfolg macht sexy, wie wir alle wissen. Stattdessen spürte ich Forderungen. Dieser Trainerjob war ihr zu unstet. Zuhause wurde es mir immer enger. Es war nur noch bedrückend. Ich war jeden Tag froh, wenn ich raus und auf die Autobahn konnte.

Aber wir machten so weiter. Irgendwann wurde sie wieder schwanger, mein Sohn kam auf die Welt. So sehr dieses Baby mein Glück bedeutete, so unglücklich war ich in unserer Ehe. Eines Abends rief ich sie an. Ich war in Norddeutschland in irgendeinem Luxushotel, wo ich die Suite für mich hatte. Auf Trainingsreise war ich der King.

Als ich zuhause anrief und mit meiner Frau sprach, spürte ich einen gewaltigen Spalt, einen Grand Canyon zwischen ihrem Leben und meinem Leben.

Ich fühlte mich nicht geliebt. Ich wollte meinen Kindern ein guter Vater sein. Ich wollte meiner Frau den Kontakt zu ihrem Ex verbieten. Ich hatte das Bedürfnis sie zu kontrollieren. Ich wollte auf der Erfolgsspur weiterhetzen. Ich hatte Angst. Ich hatte Druck. Ich platzte beinahe. Ich. Ich. Ich.

Also sagte ich zu ihr: »Heute ist Mittwoch. Am Freitag, wenn ich nach Hause komme, will ich von dir wissen: Gibst du unserer Ehe noch eine Chance oder nicht.«

Am Freitag bretterte ich nach Hause. Sie war oben im Kinderbad. Ich gab ihr einen Kuss, sie drehte den Kopf weg, ich küsste sie auf die Wange. Dann ging ich runter und deckte den Tisch für's Essen auf der Terrasse.

Mir zitterten die Knie. Einerseits hatte ich das Ende unserer Ehe forciert, indem ich von ihr eine Entscheidung wollte. Andererseits hatte ich nicht die Hosenträger, um selbst eine finale Entscheidung zu treffen. Ich war damals einfach nicht gefestigt genug. Weder um eine Ehe zu führen, noch um sie abzublasen.

Sie kam runter, schaute mich nicht an und sagte: »Du wolltest eine Entscheidung. Hier ist sie: Ich will nicht mehr.«

Da ist was Wahres dran ...

Neben der Spur war ich auch noch bei mehreren anderen Sachen. Zum Beispiel bei der Wahrheit. Das fing mit meinem Alter an. Als Trainer brauchst du Autorität. Autorität kommt ein Stückchen von selbst mit dem Alter. 40 solltest du schon sein. Als ich anfing, war ich 27.

Ich wurde oft gefragt, wie alt ich bin. Meine Strategie war: »Wie alt schätzen Sie mich?« Dann kam üblicherweise: 30, 32. Ich sagte: »Ist doch gut geschätzt.« – und wechselte das Thema. Fakt war: Ich war 27, konnte aber nicht dazu stehen. Das änderte sich auch mit 30 noch nicht. Ich hatte in Wahrheit einfach Angst, nicht gebucht zu werden, wenn sie mich für zu jung hielten.

Das mit dem Alter war nur ein Beispiel von vielen. Ich versuchte es ständig mit der »erweiterten Wahrheit«, wo auch die einfache Wahrheit gereicht hätte. Bei der Wahrheit zu bleiben, ohne sich zu schlecht zu verkaufen, das ist ein schmaler Grat, natürlich. Mein Geschäftspartner Günther, zu dem ich aufschaute, der mein aktuelles Vorbild war, nahm das alles nicht so genau. Vor dem fließenden Übergang ins Land der Lügen hatte er keine Scheu.

Beispielsweise brachte er mir bei, einen zweiten Kalender zu führen: In den einen Kalender schrieben wir die »echten« Termine, in die anderen schrieben wir fiktive Termine. Wenn ein Kunde fragte: Wann können Sie denn?, zogen wir den frisierten Kalender raus und beteten ihm Lügengeschichten vor: »Nächste Woche – Deutsche Bank. Dann Ricoh. Dann Daimler. Dann da und da und da. Ist echt eng. Aber warten Sie, ich ruf gerade mal im Büro an, wir schieben da was für Sie …«

Er klaute auch viele Trainingsinhalte von anderen Trainern und Instituten. Ich bekam das anfangs gar nicht mit. Wir alle im Trainerteam gingen davon aus, dass es seine Geschichten und Formulierungen waren, die wir da mitverwendeten. Zitieren mit Quellenangabe war für ihn aber oft kein Thema, das besondere Aufmerksamkeit erforderte.

Er gab wichtige Informationen intern nicht offen weiter, sondern suchte immer gezielt Leute im Team aus, die die Informationen bekamen, während andere dumm aus der Wäsche schauten. So konnte er gezielt die einen protegieren und die anderen kurzhalten. Ich versuchte immer, zu denen zu gehören, die bei ihm gut angeschrieben waren und merkte gar nicht, wie sehr mich das abhängig von ihm machte. Ich erkannte das alles erst nach Jahren. Am Anfang war ich im hörig: Er war Merlin, der große Zauberer, ich war sein Zauberlehrling und hing ihm an den Lippen.

In Günthers Augen war Verkaufen ein Wettbewerb, in dem es darum ging, cleverer zu sein als der Käufer, mehr Tricks drauf zu haben, eine Nasenlänge voraus zu sein. Dementsprechend brachte er uns Trainern bei, den Verkäufern Tricks beizubringen.

Wenn Günther Rechnungen schrieb, setzte er immer alles drauf, was ging: Kilometergeld, Taxi, Parkgebühr am Flughafen, An- und Abfahrtspauschale, anteiliger Tagesspesensatz morgens und abends, obwohl er beim Kunden während dem Training zum Essen eingeladen war, Hotelrechnung inklusive Minibar … einfach alles, was ging, bis auf den letzten Cent, sogar seine Privattelefonate. Es wurde vom Kunden kaum je beanstandet, aber in Wahrheit war das nichts anderes als ein verstecktes Honorar. Oder mit anderen Worten: Abzocke.

In den ersten Jahren dachte ich, das musst du so machen, wenn du clever sein willst.

Heute sehe ich das anders. Ich bekam mal eine Rechtsanwaltsrechnung, auf der wurden neben einem horrenden Stundensatz auch noch Telekommunikationskosten als Extraposten abgerechnet, außerdem ein Posten »Aktenverwaltung, 110 Mark«. So nach dem Motto: Wenn die Sektretärin eine Akte aus dem Schrank zieht, zahlt das der Kunde. Ich finde das nicht mehr clever, denn der Anwalt war ab diesem Moment nicht mehr mein Anwalt.

Merkst du's endlich?

Ich fuhr mit Günther einmal in der Nähe von Stuttgart zu einem neuen Kunden, einem Bürosysteme-Vertrieb. Wir hatten einen Akquisetermin mit den drei Geschäftsführern. Sie wollten mich als Trainer haben und es ging um eine hübsche Summe. Sie wollten ein Gesamttrainingskonzept. Die drei waren gut. Einer von ihnen war der für uns wichtigste Entscheider: Jens.

Günther bläute mir auf der Hinfahrt ein: Den Jens müssen Sie sich sympathisch machen!

Wir kamen an, es gab erst mal Kaffee und Brezeln und tatsächlich, dieser Jens war mir sympathisch, ich musste überhaupt nichts zum Besten geben. Ich war ein wenig aufgeregt, es ging um viele Trainingstage. Wir saßen da und sprachen über das Trainingskonzept. Und Jens führte das Gespräch ganz ruhig und überlegt. Ich war fasziniert von ihm, er erschien mir wie ein echter Macher.

Jahre später, nach vielen Trainingstagen für Jens, hatten wir uns besser kennengelernt. Und je näher ich ihn kennenlernte, desto mehr mochte ich ihn. Wir befreundeten uns miteinander.

Er war inzwischen in einer neuen Position und wir trafen uns mal wieder, um ein neues Trainingspaket zu vereinbaren. Ich hatte ihm 50 Trainingstage verkauft, passgenau für seinen Bedarf. Doch am Verhandlungstisch saß jetzt auch Günther. Und der wollte die Kuh melken, die ich angefüttert hatte.

Während der Verhandlung merkte ich nach und nach, wie Günther meinen Kunden Jens beschwatzte. Er strebte einen Überverkauf an, mit anderen Worten: viel zu viele Trainingstage, mehr als der Kunde brauchte. Und insbesondere versuchte Günther, Tage für seine Freundin mitzuverkaufen, obwohl die Art von Seminaren, die sie machte, hier überhaupt nicht passte. Ich wurde ganz hibbelig, als ich merkte, was da abging. Jens blieb ganz ruhig und kaufte. Ich war verwirrt.

Mittlerweile traf ich Jens auch abseits der Trainings. Das Business ist eben nicht anonym, sondern basiert auf Beziehungen. Du lernst die Menschen zwangsläufig kennen und jeder Beschiss kommt irgendwann auf den Tisch. Oder um mit Rudi Assauer zu sprechen: Wenn der Schnee schmilzt, kommt die Hundekacke ans Licht.

Wir saßen zusammen und schließlich sagte ich: »Jens, das mit den 100 Trainingstagen auf zwei Jahre, die er dir für sich und seine Partnerin obendrauf verkauft hat, damit fühle ich mich nicht wohl. Da hat er dir viel zu viel verkauft.«

Er nickte.

»Außerdem passt das gar nicht«, sagte ich, »diese Sorte Seminare mit gewaltfreiem Tee und auf Matten liegenden Managern unter Entspannungsgedudel – das ist nichts für euch hemdsärmelige Geschäftsführertypen!«

Ich merkte, dass ich mich in diesem Augenblick von meinem Partner absetzte! Ich war meinem Kunden gegenüber loyaler als meinem Partner. Auf der einen Seite machte mir das Angst. Das war verbotenes Terrain. Auf der anderen Seite merkte ich, dass mir das so viel besser taugte als anders herum. Es fühlte sich besser an.

Warum? Weil es ehrlich war!

»Der Günther hat dich abgezockt«, sagte ich.

»Ich weiß«, sagte Jens.

»So was sollte er nicht tun«, sagte ich.

»Stimmt«, sagte Jens.

Ich habe keine Ahnung, warum Jens das mitgemacht hatte. Vielleicht schuldete er Günther noch was. Es geht mich auch nichts an.

Wichtig ist: Heute sehe ich das alles, was wir damals abzogen, als das, was es ist: ein ganz übles Schmierentheater. Meiner heutigen Ansicht nach musst du nicht alles sagen, was wahr ist, aber was du sagst, muss wahr sein! Und das heißt insbesondere: Alle Zahlen, Daten und Fakten müssen immer objektiv messbar und nachprüfbar sein. Und das Ziel muss der Vorteil des Kunden sein, nicht der eigene Vorteil. Denn alles andere trägt nicht weiter als bis zur nächsten Bordsteinkante.

Aber damals hatte mich Günther regelrecht auf solche Tricks getrimmt. Und ich machte mit.

Es war ja klar, warum: Ich wollte ihm gefallen. Ich himmelte ihn an. Wir hatten einen Sieben-Jahres-Vertrag gemacht. Und ich hatte mir das Ziel gesetzt, nach Ablauf der sieben Jahre den Laden zu übernehmen. Darum schuftete ich wie ein Idiot. Er hielt mir die Karotte der Betriebsübernahme vor die Nase und hielt mich jahrelang hin. Immer wieder wollte ich mit ihm darüber sprechen. Immer wieder wurde das verschoben.

Eines Tages, ich war seit fünf Jahren dabei, hatten wir endlich einen konkreten Termin: Morgens um 9:00 Partnertreffen in München, um über die Übernahme zu sprechen. Im Raume stand eine Summe, zu der ich ihm das Institut abkaufen sollte. Der Betrag war viel zu hoch. Es dämmerte mir langsam, dass er mich über den Tisch ziehen wollte.

Es schneite wie am Nordpol. Die Maschine hatte drei Stunden Verspätung. Darum rief ich ihn auf seiner geheimen Nummer an, um ihm zu sagen, dass es später wird. Er ging aber nicht dran, ich sprach ihm auf die Mailbox. Als wir landeten, holte uns sein Fahrer mit einem schwarzen Wagen am Flughafen ab, wie im Film. Ich stieg ein, der Fahrer sagte: »Schönen Gruß von Günther. Das Treffen fällt aus. Und morgen hat er keine Zeit mehr.«

Das war also die Wahrheit. So war unser Verhältnis wirklich. Mit einem Schlag wurde mir alles klar. Er hatte die Verspätung als Vorwand benutzt, um auch dieses Treffen abzusagen. Ich fühlte mich wie ein Handtuch, das jetzt nach Benutzung auf den Wäscheberg geworfen wurde.

In mir kochte die Wut hoch. Ich war so enttäuscht. Natürlich rief ich ihn an und wollte sofort mit ihm sprechen, aber er hielt mich hin. Ich wusste nicht, was ich machen sollte, war am Verzweifeln. Sollte ich abreisen? Ich blieb. Und machte in der Nacht kein Auge zu. Am nächsten Morgen in aller Früh tauchte ich ohne Vorankündigung vor seinem Haus auf, um ihn zur Rede zu stellen.

Er machte die Tür auf und schaute mich cool an. Da stand er, mein Vorbild, mein Ersatzvater. Ein absolut charismatischer Typ. Schwarze Haare, faszinierende Hände. Er trug immer eine goldene Gürtelschnalle, in die ein in Harz gegossenes Uhrwerk eingelegt war. Extravagant. Ich hatte mir auch so eine machen lassen, ich kleiner Bewunderer. Sein Auftreten war immer überlegen, immer souverän. Ich hatte ihn bewundert. Ich hatte ihm alles geglaubt, ihm von den Lippen abgelesen.

Und jetzt stand er lässig vor mir, nachdem er mich gestern hatte abtropfen lassen, schaute mich von oben herab an, bemerkte mein wutverzerrtes Gesicht und sagte: »So ein erfolgreicher Mann wie Sie muss doch lächeln … «

Meine Stimme zitterte, ich versuchte mich zu kontrollieren und sagte: »Mir ist nicht zum Lachen. Wir müssen reden. Sie haben mich mies behandelt.«

Er führte mich in einen Nebenraum. Die Szene war wie in einem Mafiafilm. Ich fühlte mich wie der junge Robert De Niro, als ich dramatisch sagte: »Im Leben eines Mannes kommt irgendwann die Zeit, dass er seinen Weg allein gehen muss.«

Er hob eine Augenbraue.

Ich sprach weiter: »Hiermit kündige ich unseren Vertrag zum Laufzeitende.« – Das war natürlich Schwachsinn, denn es waren ja noch zwei volle Jahre hin bis zum Vertragsende.

Er nahm die Dramatik auf und antwortete: »Ich fühle mich jetzt wie der alte Pate, der sich nicht wehren kann und vom jungen das Messer in den Rücken bekommt.«

Er ging aus dem Zimmer. Ich fing an zu heulen. Alles lag in Scherben. Seine Lebensgefährtin kam zu mir und wollte mich trösten und ihren Mann entschuldigen: Er könne nicht anders, ihr Mann könne nicht teilen, er habe Angst übervorteilt zu werden.

Danach war ich zwei Jahre lang der Aussätzige. Mein Geschäftspartner Günther schnitt mich volle zwei Jahre lang. Ich bekam keine Informationen mehr, wurde zu keinen Partnermeetings und -besprechungen mehr eingeladen, war komplett ins Abseits gestellt. Ich galt als der Verräter. War komplett auf mich allein gestellt. Das war eine der härtesten Zeiten meines Lebens. Und trotz allem waren die Millionen an Provisionen über sieben Hochgeschwindigkeitsjahre, die ich für Günther hereingeholt hatte, gut investiertes Lehrgeld. Wenn die Entscheidung, bei ihm anzufangen die vielleicht beste Entscheidung meines Lebens war, dann war die Entscheidung bei ihm aufzuhören die zweitbeste.

Immer wenn ich unter Druck stehe, bringe ich Höchstleistung. Ich brachte die zwei Jahre rum. Und nebenher gründete ich in dieser Zeit meinen eigenen Laden.

Außerdem öffnete sich eine neue Tür …

Willkommen im Club!

In einer Branchenzeitschrift las ich einmal die ganzseitige Anzeige eines Trainers, eines Wettbewerbers. Unten stand: »Mitglied im Club 55«. Ich hatte keine Ahnung, was das sein sollte.

Aber weil ich frech genug war, rief ich ihn einfach an und fragte ihn: »Was ist der Club 55?«

Er klärte mich auf und erzählte mir vom Mythos dieser legendären, elitären Gesellschaft, gegründet vom damals Besten der Welt: Heinz Goldmann. Die absolute Koryphäe, der Papst der Verkaufstrainer. »Das ist der Zusammenschluss der besten Verkaufstrainer Europas«, klärte mich der Kollege auf.

»Die besten Europas? Warum bin ich da nicht drin?«, fragte ich.

Er lachte: »Das geht nicht so einfach. Eintreten kann man in diesen Club nicht. Sie brauchen zwei Paten, die Sie vorschlagen. Dann werden Sie eingeladen zum Jahrestreffen und müssen dort einen Vortrag halten. Die Gemeinschaft entscheidet dann, ob Sie aufgenommen werden.«

Ich: »Da muss ich rein!«

Er: »Ok. Ich schau mal, was ich machen kann.«

Frechheit siegt.

Ich konnte in der Tat zwei Mitglieder des Clubs ausfindig machen, die mich kannten, mich gut fanden und sich für mich einsetzen wollten. Ich hatte meine Paten, die Sache lief. Einige Zeit später schickte mir der damalige Präsident Hans-Uwe L. Köhler eine Einladung zum Jahrestreffen. Ein Jahr später war ich da: Vortanzen!

Meine Paten hatten für mich geworben. Wie ich später hörte, war der Präsident von Anfang an skeptisch gewesen: Limbeck? So ein Greenhorn! Den kennt ja kein Schwein …

Aber hier war ich und sollte am nächsten Tag meinen Vortrag halten. Ich hatte keine Ahnung, wie das geht, mit Vorträgen hatte ich keine Erfahrung.

Ich kam in den Raum, wo lauter ehrenwerte und verdiente Recken der Branche saßen und standen und sich gegenseitig begrüßten. Ich kannte niemanden, war mit meinen 32 Jahren eindeutig der jüngste. Kurz nach mir betrat der berühmte Heinz Goldmann den Raum.

Am Tag zuvor hatte ich ihn schon kennengelernt, auf einem Kongress, den der Club 55 veranstaltet hatte, um die Clubkasse aufzubessern. Ich saß in der ersten Reihe und neben mir war noch ein Platz frei – und Heinz Goldmann setzte sich zufällig neben mich. Und ich? War enttäuscht: Dieser kleine Mann soll der beste Verkaufstrainer der Welt sein? Er hatte eine altmodische braune Siebzigerjahrekrawatte, trug eine alte Hornbrille wie Yves Saint Laurent. Seine komischen Slipper waren an der Naht aufgeplatzt. Ich dachte: Mann, der sieht ja aus wie ein Penner!

Was ich noch nicht gemerkt hatte: In dieser Liga, in der ich ein No-

body war, beurteilst du die Menschen nicht mehr nach ihrem Äußeren. In dieser Liga hast du Respekt und verdienst dir Respekt durch
Können. Nicht durch Tricks und schönen Schein.

Heinz Goldmann war also auch da und gab eine kurze Kostprobe. Er
ging nach vorne, zog sein Sakko aus, krempelte die Ärmel hoch ... im
Raum war es so still wie im Stadion bei einer Schweigeminute. Dann
legte er los. Und hatte die Gruppe in weniger als einer Minute komplett auf seiner Seite. Er redete druckreif und hatte dabei eine Präsenz, eine Ausstrahlung, Hammer! So was hatte ich noch nie erlebt.

Am nächsten Tag war ich dran und gab meinen Einführungsvor-
trag zum Besten. Es war der mieseste Vortrag aller Zeiten. Ich legte
schlecht gemachte Folien auf einen Overhead-Projektor und stammelte dazu etwas herunter. Der Kontrast zur hohen Redekunst von
Heinz Goldmann vom Vortag war so groß, dass es peinlich war. Meine Rettung waren meine Paten, die mich von ihren Plätzen aus an-
strahlten und mir Mut gaben.

Hans-Uwe Köhler schrieb etwas auf und ich sah es. Ich Idiot ging ein
paar Schritte zu ihm hin und sagte: »Herr Köhler! Gut dass auch Sie
mitschreiben!«

Er schaute mich nur an und ich wusste: Fettnäpfchen!

Anschließend gab es ein großes Palaver. Von meinem Vortrag her
hätten sie mich nicht aufnehmen dürfen. Es gab aber einflussreiche
Stimmen, die den Club verjüngen wollten. Am Ende setzte sich diese Gruppe durch, ich wurde aufgenommen. Aber die Gegner waren
nicht gerade amüsiert: Wie kann das sein? Er war so schlecht und
wird sofort aufgenommen? Welchen Sinn hat dann noch das Ritual
der Einführungsvorträge?

Die Qualitätsverfechter gaben mir unmissverständlich zu verstehen:

Du bist keiner von uns!

Hans-Uwe L. Köhler, sagte mir klipp und klar: Ich werde dich beobachten! Du bist noch nicht so weit! Ich behalte dich im Auge!

Heute weiß ich, dass HULK, wie wir ihn liebevoll nennen, in Wahrheit mein großer Förderer wurde. Er führte mich in die ungeschriebenen Regeln des Clubs ein und half mir, hinter die Fassade zu schauen und Frechheit durch Können zu ersetzen. Er erkannte schon damals mein Talent. Ich erntete in den folgenden Jahren so manch hartes aber ehrliches Feedback von ihm. Und ich erarbeitete mir nach und nach seine Anerkennung. Der beste Satz, den ich von ihm hörte: »Junge. Du bist jetzt alt und gut genug. Geh deinen eigenen Weg!«

Von Heinz Goldmann bekam ich später nach Erscheinen meiner Verkaufsbibel »Das neue Hardselling« eine Glückwunschkarte. Ein Ritterschlag! Ich wurde wahrgenommen. Ich verdiente mir Respekt. Er schrieb, das Buch sei so gut, dass ich zwei daraus hätte machen sollen.

Heute bin ich Vizepräsident des Club 55 und stolz auf diesen weiten Weg, den ich zurückgelegt habe … einmal sagte einer aus dem Club zu mir: Du bist unser Heinz Goldmann von heute.

Der Feind in meinem Kopf

Sieger werden nicht geboren. Es ist ein langer Weg und viel harte Arbeit, wirklich gut zu werden. Dabei stellen sich dir immer wieder Menschen in den Weg und halten dich auf. Keiner will, dass du nach oben kommst. Und wenn du es trotzdem schaffen willst, musst du alle diese Gegner einen nach dem anderen überwinden.

Das Irrsinnige dabei, was mir erst heute klar geworden ist: Manchmal ist der größte Bremsklotz, der größte Stein im Weg, das größte Stoppschild nicht einer derjenigen, die sich dir offen in den Weg stellen. Die entpuppen sich manchmal als deine wahren Freunde.

Und diejenigen, die dir eine helfende Hand reichen, sind nicht immer deine Förderer, sie beschwatzen dich, blenden dich, täuschen dich, um dich auszusaugen wie eine Zecke ihren Wirt. Mein einstmals großes Vorbild Günther hat mit Sicherheit eine Million aus mir herausgesaugt, bevor ich mich befreien konnte.

Doch der größte Feind deines Aufstiegs ist meistens ein ganz anderer. Derjenige, von dem du es am wenigsten glaubst. Auf den du eigentlich am meisten zählen können solltest. Der in deinem Spiel die meiste Macht hat und am lautesten beteuert, dass er will, dass du ein Sieger wirst. Er sabotiert dich oft am meisten:

Du selbst!

4.   Ruhrpott meets Maßanzug

Als zu meinem Erfolg als Verkäufer und dem Erfolg als Trainer auch noch der Erfolg als Unternehmer, Redner und Bestsellerautor dazu kam, haben sich mir viele Türen geöffnet. Ich wurde eingeladen in Villen, in Luxusresorts, auf exklusive Bootsfahrten, in Sternelokale, in VIP-Lounges, in Vorstandsetagen … und habe gesehen, geschmeckt, gerochen und gefühlt, wie die obersten 0,1 Prozent der Bevölkerung leben.

Dabei bin ich für viele Unternehmer und Vorstände immer ein Exot geblieben, da mach ich mir nichts vor: ein Straßenköter, der an der großen, weiten Welt schnuppert.

Zuerst fühlte ich mich bei diesen Gelegenheiten noch reichlich minderwertig – oh weia, blamier dich bloß nicht! –, aber das veränderte sich. Bei meinen ersten Gesprächen mit Vorständen in meiner neuen Eigenschaft als Inhaber eines Trainingsteams starte ich noch eingeschüchtert auf die fette Rolex, den 500er-Mercedes, die rahmengenähten Maßschuhe, die Manschettenknöpfe mit Initialen, den maßgeschneiderten Nadelstreifenanzug, das Einstecktuch. Ich hörte von den Tausenden von Mitarbeitern, die meinen Gesprächspartnern unterstanden, ich wusste von den Doktortiteln, vom Studium in Harvard, von den Häusern auf Sardinien, den Privatyachten, den Weinkellern, den Privatjets. Und wenn ich's nicht wusste, dann rieben sie's mir unter die Nase.

Ich schulte damals mal die dritte Führungsebene einer großen deutschen Bank. Vor mir saßen 18 Männer, von denen 16 eine Rolex trugen, eine fetter als die andere. Diese Leute sind es gewohnt, sich beim Reden kühl und akademisch zu geben. Ich denke, das ist wichtig, um in den Konzernstrukturen zurechtzukommen, eine notwendige Anpassung, um dort überlebensfähig zu sein. So wie Pfauen Räder schlagen und Igel sich einrollen, wenn sie nicht aussterben wollen.

Ich dagegen war der begeisterungsfähige, lebendige, quirlige Heißsporn aus dem Ruhrpott, dessen Vorfahren im Gestein nach Kohle schürften. Stell dir Lemmy Kilmister von Motörhead als Prediger in einer katholischen Kirche vor, dann hast du eine Ahnung von dem Kontrast. Ich stand zwar vorne, ich wusste wie Verkaufen geht, ich war der Chef im Ring – aber ihr Verhalten, ihre Stimmen, ihre Körpersprache, ihre Gesten gaben mir unmissverständlich zu verstehen: Was willst du Kopiererverkäuferchen uns Tycoons, die wir täglich Millionen bewegen, die wir tagtäglich ausgeklügelte Finanzprodukte vermarkten, die du nicht mal ansatzweise verstehst, die wir nicht einmal selbst verstehen, sondern nur so tun, wie sollst ausgerechnet du uns beibringen, wie wir mit Kunden reden sollen?

Wenn du in einem Seminarraum vorne stehst oder in einem Vortragssaal derjenige bist, der oben auf der Bühne steht, dann tust du gut daran, zumindest für die Dauer deiner Vorstellung statusmäßig die Nummer eins im Raum zu sein. Bist du das nicht, geht die Sache schief. Garantiert. Die Frage ist: Wie wirst du der Top-Dog im Raum, wenn alle anderen glauben, du wärst der Under-Dog?

Haste was, dann biste was

In Königstein, dort, wo ich heute wohne, gibt es ein wunderbares und richtig großes Tagungshotel. Es gehört einer Großbank und ist seit über vierzig Jahren eines ihrer Ausbildungszentren. Die Räume werden aber auch frei vermietet. Ich buche dort ständig für meine Seminare.

Ich bin immer sehr gerne dort, nicht nur weil die Räumlichkeiten hervorragend sind, sondern auch, weil ich den damaligen Geschäftsführer mochte. Auch mit dem neuen komme ich super klar. Der alte war aber ein besonderer Kerl: ein sehr seriöser Herr, der wirklich wie ein Hoteldirektor wirkte. Ein feiner Mensch mit guten Manieren und feinen Händen, die stets zart eingecremt waren. Er trug immer eine feine Krawatte und ein passendes Einstecktuch, das graue Haar war gepflegt. Mich erinnerte er an den Großvater vom »Kleinen Lord«, der im Fernsehfilm von 1980 von Sir Alec Guinness gespielt worden war.

Weil ich Stammgast war, hatte er mir einen eigenen Schrank gegeben und ich bekam immer meinen Wunschraum. Es war eine Freude und im Laufe der Zeit sind wir echte Business-Freunde geworden.

Darum erzählte er mir einmal, dass zeitgleich zu einem meiner Seminare die Bank Verwaltungsratssitzung im Trainingszentrum gehabt hatte. Einer der Oberchefs, nennen wir ihn Manfred, hatte sich bei ihm beschwert: Warum immer, wenn er hier sei, diese Aufsteller und das Zeugs von diesem Hardselling-Experten rumstehen würden!

Mein feiner Lord-Großvater hatte unerschrocken geantwortet: Weil er uns 100.000 Euro Umsatz bringt!

»Aber Martin«, sagte er zu mir verschwörerisch, »das darfst du nicht wissen! Nur rede mal mit dem … «

Ich verstand und bedankte mich. Und rief, frech wie ich war, diesen Manfred kurzerhand kalt an.

Telefonieren kann ich besser als jeder, den ich jemals getroffen habe, so viel sei verraten. Das Vorzimmer meldete sich.

»Schönen guten Tag, hier ist der Martin. Der Martin Limbeck. Ich hätte mal gern, dass der Manfred, der Manfred D. mich zurückruft. Er hat sicher meine Nummer, aber ich geb sie Ihnen nochmal. Gut? Danke!«

Es dauerte nicht lange, bis er zurückrief. Ich eröffnete ihm, dass ich einige Fans in seinem Hause habe und dass es sich lohnen würde, wenn wir uns mal zusammensetzten. Aber so sehr ich mich ins Zeug legte, wir wurden nicht warm miteinander. Einen Stock verschluckt hatte der.

Später traf ich ihn mal zufällig auf einer Party. Aber ich merkte schon: Wir werden keine Freunde in diesem Leben. Ich smalltalkte ein wenig mit ihm und versuchte, ihn zu akquirieren. Aber er gab mir zu verstehen, dass er in Bezug auf Verkaufstrainings lieber einem anderen Institut vertraute.

Ich sah seinen Bedarf, ich sah meine Fähigkeiten, ich kannte »das andere Institut« und ich war darum äußerst sicher, dass ich ihm einen großen Gefallen tun würde, wenn ich ihm eine ordentliche Trainingsreihe verkaufen würde.

Aber es gelang mir nicht.

Ich beobachtete ihn auf der Party beim Tanzen und dachte: Wie kann einer nur so steif sein – sowohl körperlich als auch im Denken. Diese Menschen besitzen Millionen. Sie bringen von zuhause aus einen Weinberg mit und solche Sachen. Sie haben alles, sie wachsen auf mit Stil und bewegen sich fast ausschließlich in dieser behüteten, abgezirkelten Welt der Reichen.

Aus den Gesprächen weiß ich: Mich bewundern diese Leute für meine Leichtigkeit, für meine Freiheit, für meine Lebendigkeit. Sie finden großartig, wie ich mein Ding mache. Sie hegen Sympathien für meinen Aufstieg, sie sehen mein Einstecktuch und meine Manschettenknöpfe und meine Schuhe aus Pferdeleder – die genauso gut und teuer sind wie ihre. Aber trotzdem gehöre ich nicht dazu. Ich gehöre nicht in die feinen Kreise, denn ich bin nur ein gut getrimmter Straßenköter. Das ist der Grund, warum ich bei Manfred abblitzte. Und nicht nur bei ihm.

Aber gleichzeitig spüre ich die Anziehungskraft: Manche dieser Vorstände holen mich gerne in ihren Wolkenkratzer, um sich Tipps von mir geben zu lassen. Ich werde dann von persönlichen Assistenten in Empfang genommen und hineingeführt. Und die lassen dich spüren: Du armes Licht! Was willst du? Du darfst in meinen Tower kommen und ein bisschen bei meinem Vorstand sitzen … Ja, darf ich! Es muss also irgendwas Interessantes an mir geben.

An eine Szene in einer anderen Chefetage erinnere ich mich auch noch: Ich traf mich mit dem Vorstand eines großen Konzerns und seinem Adjudanten, um ein Briefinggespräch für ein Führungskräftetraining zu führen. Wir begrüßten uns formvollendet, da griff der Vorstand mir plötzlich an die Wäsche: Zuerst bin ich richtig erschrocken. Er fasste mir an die Krawatte, drehte die um und sagte ganz fachmännisch: »Oh, die ist teuer. So eine muss man sich leisten können … «

»Ich kann's!«, schoss ich zurück.

Natürlich war das ein Übergriff von ihm, eine Machtdemonstration. Aber ich fand's einfach nur ungezogen. Einem Fremden an die Krawatte fassen, hallo, das tust du nicht!

Als wir dann zum Mittagessen gingen, habe ich mich absichtlich in die Mitte gesetzt, auf den Chefplatz. Da hat er dann komisch geguckt.

Innerlich habe ich nur gelacht …

Premiumklasse

Aber auch andersrum ist eine Barriere vorhanden: Ich habe zwar mittlerweile auch ein wunderschönes Haus, teure Autos, und erstklassige Klamotten, aber für mich ist das nicht selbstverständlich. Ich stehe manchmal vor meinem Haus und könnte heulen vor Glück. Wenn ich bedenke, wo ich herkomme, dann ist das einfach ein Wunder.

Bei vielen Unternehmern, Vorständen und Top-Managern sehe ich aber eine Selbstverständlichkeit, einen natürlichen Anspruch auf Luxus. Ich finde das nicht schlecht oder zu kritisieren, sondern ich stelle nur fest: Das sind zwei verschiedene Welten. Und deren Welt ist großartig, toll, schön, aber nicht wirklich meine.

Ich merke das ständig, bei unterschiedlichsten Anlässen: Einmal ging ich mit einem Banker essen. Ich hatte seine Mannschaft trainiert und ich dachte, ich lad ihn mal ein, um die Beziehung zu stärken und zu sehen, was wir in der Zukunft noch zusammen machen könnten – ganz nach dem Prinzip der Reziprozität: Alles was du gibst, kommt wieder zu dir zurück.

Wir gingen in ein Restaurant seiner Wahl und hatten einen wirklich schönen Abend. Zur Vorspeise wurde Champagner gereicht und danach zu jedem der unzähligen Gänge einen anderen Wein. Nach gefühlt zwölf Getränkewechseln gab es zum Schluss natürlich noch Schnaps vom Feinsten. Dass nebenbei das Essen der Hammer war, brauche ich nicht zu erwähnen.

Irgendwann wollte ich bezahlen und war gottfroh als sich herausstellte, dass der Mann, den ich einladen wollte, es sich nicht hatte nehmen lassen, in seinem Lieblingslokal den Spieß umzudrehen und mich einzuladen: 1500 Euro für zwei Personen. Unvorstellbar! Ich wurde beinahe ohnmächtig, als ich den Betrag sah. Nicht, dass ich es mir nicht hätte leisten können. Ich finde es nur einfach unfassbar, wie du so viel Geld für ein Essen ausgeben kannst.

Dabei gehe ich auch mal gern mit Kunden essen. Und ich trinke auch gerne zuhause mal eine Flasche Wein. Ich kenne viele im Bekanntenkreis, die zucken nicht mit der Wimper am Abend eine Flasche Wein für 300 Euro aufzumachen. Ich würde das nie tun. Dafür arbeite ich einfach zu hart.

Ich habe jetzt gerade eine Flasche Wein für 60 Euro gekauft, um etwas da zu haben, wenn es mal einen besonderen Anlass gibt. Das ist mein größtes Kaliber. Ansonsten bestelle ich in Österreich beim Weingut Limbeck im Burgenland am Neusiedler See. Die Namensgleichheit ist zufällig, wir sind nicht verwandt. Ich finde das nur witzig, alle fragen mich dann, ob ich ein eigenes Weingut habe. Nein, nein, das heißt nur so, grinse ich dann. Die Flasche kostet »nur« 16,90 – ja, ich weiß, dass auch das noch viel Geld ist für eine Flasche Wein. Das in etwa ist die Obergrenze Luxus, bei der ich mich wohl fühle. Wenn ich mir vorstelle, wie viel Handarbeit auf dem Weingut in diese Flasche Wein gesteckt worden ist, dann passt es für mich. Und davon abgesehen: Mir schmeckt's. Das ist doch eigentlich der Punkt, oder?

Ein Freund von mir ist ein erfolgreicher Unternehmer. Das ist auch einer von den Selfmades. Mit 17 im Keller mit nichts angefangen, heute floriert sein Business und das Geld regnet auf ihn nieder wie die Blätter im Herbst unterm Baum. Völlig verdient! Was mir bei ihm gefällt: Er hortet den Schotter nicht, sondern gibt ihn gezielt wieder aus. Wo das Geld fließt, ist Leben – wo das Geld stockt und eingefroren rumliegt, ist es genauso tot wie dort, wo gar nichts ist.

Ich bin mit ihm mal nach Wien geflogen – in seinem eigenen Flugzeug. Für ihn ist das das Normalste von der Welt. Für mich eine absolute Ausnahmesituation. Wenn ich mich nicht beherrrschen würde, dann würde ich vom Start bis zur Landung ohne Unterbrechung ungläubig den Kopf schütteln. Sogar WLAN gibt's in dem Ding.

Bei sich zuhause macht er auch öfter Mal einen Dom-Pérignon-Empfang, zu dem er potenzielle Käufer einlädt – also Leute, die es sich leisten können. Ich zum Beispiel. Da kannst du bei einem mit ihm befreundeten Weinverkäufer Champagner probieren und wenn du lustig bist, für nur 200 Euro pro Flasche einkaufen. Ich finde das immer sehr nett bei ihm und gehe gerne hin, aber ich habe noch nie auch nur eine Flasche Champagner gekauft. Das bringe ich nicht fertig!

Er findet es gut, dass ich »noch hungrig« bin und freut sich mit mir. »Ihr zwei seid die Shootingstars in Königstein«, sagte mal ein Hiesiger über uns beide. Übrigens ist er einer der Testleser dieses Buches hier, er gab mir sehr scharfsinnige und motivierende Rückmeldungen und freute sich mit mir am Entstehungsprozess. Er sagte: »Alle, die ich kenne, die Kohle haben, denken, dass sie alles durch eine andere Brille sehen, als alle anderen, die Kohle haben …« – gut geerdet, nenne ich das.

Ich merke, wie ich in seinen Kreisen Bewunderung bekomme für meine Bücher und meine Fernsehauftritte. Das ist supernett. Und trotzdem bin ich eben auch der bodenständige Limbeck, was die mir übrigens auch hoch anrechnen: Der Limbeck vom Wolfssee, der dort eine Angelhütte hat. Die muss auch ab und zu mal renoviert werden. Und da ist mein Geld für mich besser angelegt als in Champagner …

Um was geht's eigentlich?

Was ich damit sagen will: Ich gönne den oberen Zehntausend ihr Luxusleben von Herzen! – Wobei, halt, lass mich das noch differenzieren. Reichtum samt Unternehmen geerbt und das Ganze dann selbst

weiterentwickelt und wachsen lassen. Ja, großartig, Weltklasse, einverstanden! Aber nur geerbt und dann den Schatz angebrochen und
aufgezehrt oder gar protzend verprasst? – Das ist nicht Reichtum!
Sondern eine Sonderform von Armut. So was wie »hyperfinanziel-
le Armut« in etwa. Und das finde ich nicht so toll. Aber abgesehen
davon finde ich es gut, dass es Reichtum überhaupt gibt – die Groß-
kopferten bringen ja auch massenweise Geld unters Volk, indem sie
es mit vollen Händen ausgeben. Und sie sorgen dafür, dass es viele
schöne Dinge überhaupt gibt: schöne Uhren, schöne Autos, schöne
Häuser. Würde keiner das Zeugs kaufen, gäbe es das alles nicht. Und
dann könnte ich es auch nicht kaufen … das wäre schade. Denn ich
liebe solche schönen Sachen!

Eine Zeit lang habe ich mir für jedes erfolgreiche Jahr als Belohnung eine Luxusuhr gekauft und habe sie in die Vitrine gelegt. Blödsinn natürlich. Irgendwann hatte ich achtzehn fette Uhren, die ich in
achtzehn Jahren höchstens achtzehn Mal getragen habe. Dann habe
ich damit aufgehört und sie nach und nach verschenkt.

Ich freue mich auch über die schönen Geschenke, die ich als Kunde jedes Jahr von Porsche bekomme. Ich finde teure Partys, maßge-
schneiderte Klamotten und Luxus-Urlaubs-Resorts großartig. Und
es ist schön, dass es Menschen gibt, die sich das alles leisten können. Genau diese Menschen tragen Verantwortung, zahlen Unmen-
gen Steuern und schaffen Tausende von Arbeitsplätzen. Wer auf die
neidisch ist, hat Grundlegendes nicht kapiert, mein Freund!

Und trotzdem ist da eine unüberbrückbare Distanz. Egal, wie viel
Kohle ich habe, ich glaube, ich sehe irgendwie die Welt durch eine
andere Brille als die. Die meisten von diesen schweren Jungs, die ich
bei der Eintracht im Stadion treffe, haben zum Beispiel Karten für
400 Euro pro Spiel, VIP-Karten in der Loge eben. Ich gehe lieber für
40 Euro auf die Gegengerade. Warum? Weil ich das Spiel sehen will!
Mit allem drum und dran. Wenn ich ins Stadion gehe, brauche ich

keinen reservierten Parkplatz (obwohl … das wär schon cool …), ich will aber mein Stadionbier aus dem Plastikbecher trinken und meine Stadionwurst aus der Hand essen, bitte. Sonst macht mir das keinen Spaß.

Ich werde viel eingeladen, also bin ich auch oft in den Business-Lounges. Das nutze ich natürlich, ist doch die beste Gelegenheit, um neue Kunden aufzureißen. Es war Halbzeit und die Edelfans waren drinnen, ein Häppchen Feines zu sich nehmen. Ich saß dabei und akquirierte. Aber irgendwann ist die Pause eben rum, die Spieler kommen zurück auf's Feld und dann will ich wieder Fußball gucken. Ein Mädel saß neben mir, als ich aufstand und mich loseiste und schaute verdutzt zu mir hoch: Was? Geht's schon wieder weiter? Ich hab doch noch gar nicht fertig gegessen!

Genau da ist der Spalt zwischen uns! Die meisten Leute in der Business-Loge kommen nicht wegen dem Fußball ins Stadion, sondern um gesehen zu werden. Ein gesellschaftlicher Anlass unter Ihresgleichen.

Und weißt du was? – Gut so! Genau diese VIPs bringen der Eintracht die Kohle, um sich wieder neue Stars kaufen zu können, über deren Können wir echten Fußballfans auf der Gegengerade uns dann freuen! Wir brauchen uns alle gegenseitig. Eine wichtige Botschaft an alle Sozialneider!

Eine Zeit lang habe ich gedacht, ich will so werden wie die ganz Reichen, von denen ich im Laufe der Zeit und mit wachsendem Erfolg immer mehr kennengelernt habe. Ich mag es, reich zu sein. So ein Luxusleben zieht mich magnetisch an. War schon immer so. Das kann ich zugeben. Aber du kannst dich in dem schönen Schein verlieren. Das ist gefährlich!

Ich stand mal mit zwei altgedienten und sehr erfolgreichen Rednerkollegen nach einem Late Night Seminar auf dem Flughafen, wir warteten auf den Flieger, der uns zurück nach Frankfurt bringen sollte, wo wir unsere Autos hatten. Wir saßen zusammen mit dem Fotografen und dem Redakteur von der Zeitschrift, die uns begleitet hatten. Das waren nette Typen, die als Angestellte ungefähr ein Zehntel von dem verdienten, was wir drei Speaker nach Steuern so rausbekommen. Und da sagte der eine meiner beiden Kollegen zum anderen: »Du sach ma, wieviel brauchst du um aufzuhören?«

Der Andere sagte zum Einen nach kurzem Überlegen: »Fünf Millionen?«

»Hm, ja, fünf Millionen, denk ich auch. Müsste reichen, wenn du's ordentlich anlegst … «, schätzte der Eine.

»Kannst zum Schluss sogar was aufzehren … «, überlegte der Andere.

Ich stand daneben und mir war das unendlich peinlich. Die können ja in ihren Kreisen darüber diskutieren, aber doch nicht neben den beiden Angestellten! Denn die werden wohl nie in ihrem Leben mal fünf Millionen auf der Seite haben. Sonst wären sie schon heute keine Angestellten mehr. Und es muss ja auch nicht jeder reich sein. Aber dann halte ich doch meine Klappe und protze nicht so rum! Ich weiß nicht, ich kann so was nicht. Dazu erinnere ich mich noch viel zu gut an die Zeit, in der ich es mir nie und nimmer vorstellen konnte, so wohlhabend zu sein wie heute.

Ich finde mich in beiden Welten zurecht. Nur kann ich nicht lange ohne meine alte Welt auskommen. Sonst beginne ich den Boden unter den Füßen zu verlieren. Wenn ich merke, Martin, jetzt hebst du ab, dann schnappe ich mein Angelzeugs und fahre an den Wolfssee, besuche meine Eltern oder treffe ein paar Kumpels, um über ein paar ganz einfache Sachen und das ganz normale Leben zu reden. Ich sitze dann abends am See, schmeiße den Grill an, Bierflasche in der Hand und schaue meiner Mama – der besten Köchin auf der Welt – dabei zu, wie sie das Essen richtet. Dann geh ich noch ein bisschen auf's Boot. Am nächsten Morgen wach ich auf, sitz auf der Bettkante in meinem Ferienhaus und schau durch's Fenster auf meinen See.

Ist nicht dein See, sagt mein Schatz.

Doch, ist mein See, sage ich.

Ich brauch das, sonst dreh ich durch. Denn wenn du plötzlich in der Öffentlichkeit erkannt wirst, wenn du von den Reichen hofiert wirst, wenn du gelobt, eingeladen und geschulterklopft wirst, dann kannst du ruckzuck einen Höhenkoller bekommen. Ich hab das bei vielen schon gesehen. Bei mir selbst zum Beispiel.

Klar, ich bin anfällig für großkotziges Gehabe, ich wollte mein Leben lang immer der Größte, der Schnellste, der Tollste, der Reichste sein. Aber heute, wo ich tatsächlich so viel erreicht habe, will ich nicht anfangen zu denken, dass ich der Größte, der Schnellste, der Tollste, der Reichste bin. Davor habe ich Angst.

Bei uns in Königstein, wo viele Reiche wohnen, weil's hier so schön ist, gibt es einen Italiener – das ist eines der Lieblingsrestaurants der wohlhabenden Hälfte unseres Dorfs. Ich geh da auch oft hin. Aber am Anfang merkte ich schnell, dass ich als Gast nicht Champions League war: Ich bekam nicht die überschwänglichen Begrüßungen, ich bekam nicht den besten Tisch und so weiter.

Einmal machte unser Italiener im Sommer eine weiße Party, sehr schöne Sache. Ich war da und amüsierte mich, der harte Kern der Oberschicht war natürlich auch da. Plötzlich kommt einer von ihnen auf mich zu, klopft mir auf die Schulter und ist ganz begeistert: Er outet sich als Fan von meinem Buch. Der Wirt bekommt das mit und plötzlich ändert sich alles: »Martin, Entschuldigung, ich hab nicht gewusst, dass du bist berühmt. Du bist ja ein Schreiber von Bücher! Du hast immer einen guten Platz bei mir!«

Mir ist vollkommen klar, dass das nicht echte Wertschätzung war, sondern sein Geschäftsmodell. Aber hey, das ist fair. Mittlerweile ist ein Mix aus Freundschaft und Geschäftsinteressen mit viel italienischem Pathos daraus geworden. Immerhin ist er der Patron in seinem Laden und muss schauen, dass der läuft. Und so ein feiner Treffpunkt läuft eben nur mit der richtgen Auswahl an Gästen. Das macht er grandios. Und trotzdem nennt er mich mittlerweile auch einen Freund und lädt mich zu seiner Hochzeit in Las Vegas ein. Beides kauf ich ihm ab.

Er hat mich seitdem mit vielen interessanten Leuten zusammengebracht und mich vorgestellt. Mir geht's nicht drum, da unbedingt mitzuhalten, aber ich genieße es und es hat mir manchen guten Deal eingebracht.

Mal ehrlich: Ist doch besser als immer nur am Katzentisch zu sitzen, oder?

Oben auf dem Affenberg

Am Anfang war ich laut, hab geklappert und angegeben. Die Geldberge waren schneller angewachsen als meine Persönlichkeit. Ich habe heute größten Respekt vor Menschen, die nicht nur reich geworden sind, sondern auch reich geblieben sind. Denn ob das Geld bei dir bleibt oder nicht, ist eine Frage von Persönlichkeit.

Ich hatte die am Anfang definitiv noch nicht! Je mehr ich rumprollte und protzte, desto mehr zeigten sie mir, dass ich keiner von ihnen war. Die wollen halt nicht, dass du nach oben kommst, ist doch klar!

Und je mehr ich das spürte, desto aufmüpfiger, prolliger und protziger wurde ich. Die Zeit des wachsenden Wohlstands war eine einzige Kämpferei.

Ich gab mal für Frankfurter Investmentbanker ein Seminar. Das war so eine Highflyer-Abteilung, Mergers & Acqusitions und so. Die kamen sich vor wie eine Kreuzung aus Richard Gere in »Pretty Woman« und Michael Douglas in »Wall Street«. Einer der Teilnehmer war sich nicht zu schade, während des Seminars ständig an seinem Blackberry rumzuspielen. Vielleicht musste der schnelle Geschäfte auf seinem Schweizer Konto abwickeln wie Uli Hoeneß auf der Tribüne der Allianz-Arena.

Ich gönnte ihm ja, dass er so wichtige Geschäfte am Laufen hatte, aber irgendwann hatte ich genug: »Tschuldigung. Seien Sie mir nicht böse, ja? Aber das geht jetzt zu weit. Das nervt mich. Bitte stecken Sie den Blackberry weg.«

Er schaute mich an. Kurze Stille im Raum. Dann sagte er ganz lässig: »Nein, nein, ich bin Ihnen nicht böse. Aber ich mache hier meinen Job und das geht Sie nichts an. Machen Sie einfach weiter Ihren Job. Sie sind hier um uns zu bespaßen, also los … hopp!«

Ich dachte, ich hör nicht richtig. Ich war ein bisschen sprachlos, was nicht oft vorkommt. »Was haben Sie da gerade gesagt?«

»Bespaßen hab ich gesagt! Sie sind doch hier unser Motivationsclown! Also machen Sie uns einen lustigen Tag, los doch!«

Rhetorisch konnte der Nadelstreifenfuzzi mir das Wasser nicht reichen, aber an Überheblichkeit konnte ich tatsächlich nicht mithalten. Ich rief noch aus dem Seminarraum seinen Chef an und machte ihm die Hölle heiß. Mann, was Geld aus Menschen machen kann, dachte ich damals.

Insbesondere mit Leuten, die sich intellektuell, studiert und promoviert gaben, hatte ich so meine Probleme. Und auf die traf ich jetzt immer öfter. Wenn ich dann vor einer Bande Wirtschaftsprüfern oder ähnlichen Kalibern stand, war mein Eröffnungssatz immer ein Ausdruck von Vorwärtsverteidigung. Oder um es weniger militärisch, sondern mehr fußballerisch auszudrücken: Ich liebte Gegenpressing und das Lauern auf den zweiten Ball: »Was unterscheidet Sie von mir? Ganz einfach: Sie haben alle studiert ... und ich stehe hier vorne!«

Versteh mich nicht falsch: Ich habe keinen Minderwertigkeitskomplex wegen fehlendem Abi oder so. Immerhin habe ich ja einen vollwertigen High-School-Abschluss. Aber ich kokettiere gern mit dem Thema. Gönn es mir! Denn gegen Bildungsdünkel hab ich was. Ich habe gelernt, wie relativ das alles ist.

Diese Kabbeleien mit den Studierten waren aber sicher zum Teil auch meinem anfangs noch schwachen Selbstwertgefühl geschuldet – wenn du dich unterlegen fühlst, finden sich immer Leute, die sich reflexartig überlegen fühlen. Zum anderen reagierte ich aber auch gallig auf abwertende Bemerkungen, von denen es zuhauf gab.

Was ich im Laufe der Zeit so für Kommentare hören musste! Oder auf Facebook, Twitter und Xing lesen durfte. Ein schönes Posting, das mich zugegebenermaßen ganz schön nervte, klang etwa so: »Limbeck ist doch nur ein Vorturner für Vorwerkstaubsauger. Aber für prozessorientiertes Key Account Management völlig ungeeignet.« – Dabei machen wir hier genau das! Wir trainieren den Verkauf höchst erklärungsbedürftiger, hochpreisiger, spezialisierter Produkte; von komplizerten Finanzprodukten bis hin zu Laboranalytik, alles. Aber egal, für ein paar Superschlaue war und blieb ich eben der Staubsaugervertreter.

Einmal hatte ich ein Projekt mit einem Konsumgüterhersteller. Die Leute dort, die ganzen Key Account Manager und Regional Sales Manager haben alle studiert, kommen von den besten Hochschulen. Mein simpler Job: Verkaufstechniken schulen. Da sitzen sie vor dir mit ihren 28 Jahren und ihr Blick sagt: »Was willst du eigentlich von mir? Ich mach mein Geschäft seit vier Jahren, darum kann ich alles! Was willst du mir noch beibringen? Denn ich bin doch so intellektuell. Ich hab das alles doch schon längst durchdrungen.«

Können aber überhaupt nicht akquirieren. Überhaupt nicht!

Weil sie der Meinung waren, keinen Trainingsbedarf mehr zu haben, mussten wir einen der Lehrgänge sogar abbrechen. Also ging ich einigermaßen genervt zum Vorstand, um das mit ihm zu besprechen. Ich komm rein und seh den Typen. Schau ihm in die Augen. Er schaut zurück. Und wir wussten sofort, dass wir vom selben Planeten kommen.

Der war nämlich genauso ein einfacher Junge wie ich. Ein lässiger Typ auf seine Art, sag ich dir, und als er erkannt hatte, wo ich herkam, war er völlig enthemmt. Er fetzte los: »Da hamse völlig recht, Limbeck. Da krieg ich die Krätze, ey. Dieser ganze Fuckscheiß geht mir so auf den Sack. Da könnt ich Pickel kriegen. Die meinen, die können schon alles. Aber wenn sie mal für uns selber neue Kunden suchen müssen, siehst du, dass die nix draufhaben. Fuck. Die liegen immer daneben! Wenn die mal woanders hingehen, merken die erst, wie gut sie's bei uns gehabt haben. Scheiße. Denen muss ich jetzt wieder so was von in den Arsch treten!«

Ha! Ich lachte mich tot. Die studierten Category Manager taten vornehm und blasiert, aber derjenige, der das genaue Gegenteil von ihrem Gehabe verkörperte, war ihr Chef: Ihr habt studiert, aber ich spuck euch auf den Kopf. Herrlich!

Das entspannte mich enorm!

Drum merk dir: Wie viele Ziffern das Preisschild deines Anzugs enthält, sagt nichts darüber aus, was zwischen deinen Ohren abgeht.

Und ob du in Harvard, Oxford oder auf Schalke deine Grundbildung genossen hast, sagt nichts darüber aus, ob du das Herz am rechten Fleck hast oder wie weit du im Leben kommst!

Andere Seiten

Mein Vater hat mir eingebleut: Vergiss nie wo du herkommst! – Immer wenn ich daran denke, habe ich das Bild von dem langen Garten meiner Oma vor Augen. Obstbäume drauf, Gemüse selber angebaut. Meine Oma hat auch selber geschlachtet, da war ich öfter mal dabei. Da komm ich her.

Oder ich denke an den Campingplatz. Wenn einer das Vorzelt aufbaute, kamen alle zusammen und halfen mit. Ruckzuck stand das Vorzelt. Am Abend schmiss dann einer den Grill an, alle saßen zusammen bis spät in die Nacht und erzählten sich Geschichten. Da komm ich her.

In der Familie und im Bekanntenkreis waren wir manchmal ruppig miteinander. Aber immer ehrlich. Immer klar. Immer geradeaus. Immer verlässlich. Wir waren auf unsere Art freundlich – aber eben ohne Knigge. So bin ich ursprünglich. Da komm ich her.

Diese Bodenständigkeit hatte ich eine Zeit lang verloren. Das Geld hat mich beinahe verdorben. Zeitweilig hatte ich den Respekt vor anderen verloren.

Aber dann gab mir mein Leben ordentlich Gegendruck, bis ich wieder klar im Kopf war. Vielleicht bin ich auch einfach in den zu großen Anzug langsam reingewachsen und habe es irgendwann nicht mehr nötig gehabt, ein Kotzbrocken zu sein. Jedenfalls, seitdem ich mich wieder an den Garten meiner Oma und an den Campingplatz erinnere, nehme ich meine Eltern immer mit auf alle großen Veranstaltungen, auf denen ich rede. Meine Eltern sind dann immer so stolz auf ihren Sohn. Die ganzen Titel und Auszeichungen, die Bücher, die Fernsehauftritte … Und ich bin dann so stolz auf meine Eltern. Und darauf, dass ich auch zu meinen eigenen Kindern ein gutes Verhältnis aufbauen und halten konnte. Das ist das, was für mich wirklich zählt. Wenn ich dann auf der Bühne stehe und unten in der ersten Reihe meine Eltern zu mir hochstrahlen sehe, da könnte ich dann schon immer eine Träne der Rührung aus dem Augenwinkel drücken, das darf ich hier mal zugeben. Da wird der große Limbeck wieder zum kleinen Martin. Und das tut so verdammt gut.

Mit der Zeit habe ich gelernt zu unterscheiden: Was gut ist für mich und wobei ich mich nicht wohlfühle. Wo ich meine Energietanks wieder auffüllen kann und womit ich mich verausgabe. Und: Wer es gut mit mir meint und wer mir die Pest an den Hals wünscht. Wenn du von unten kommst und nach oben willst, dann brauchst du ein paar Jahre, um das alles zu sortieren.

Am Anfang war ich naiv und dachte, die Menschheit freut sich, wenn der Limbeck Erfolg hat. Dann machte ich so meine Erfahrungen … und das drehte mich um 180 Grad – aber ich war immer noch naiv, nur eben andersrum: Ich dachte, die ganze Welt ist gegen mich und ich müsste es allen zeigen. Drum fuhr ich überall mit dem Porsche vor die Tür, damit jeder ihn sieht.

Dann lernte ich langsam: Wenn du dich als Kotzbrocken gibst, dann sehen dich die Leute auch so. Und mit der Zeit wirst du dann auch einer. Ich lernte auch, dass du nur mit Arroganz und großer Klappe zwar ganz schön weit kommst, aber auf Dauer eben nicht weiter. Mein Vortrag von 2005 war nicht gerade der beste, der Applaus war da, aber er hielt sich in Grenzen. Fünf Jahre später war mein Vortrag richtig gut – und die Resonanz war grandios. Das Können wuchs, und mit dem Können wuchs der Respekt. Mit der Zeit hatte ich keine Probleme mehr mit der Autorität, egal wie alt die Universität war, von der meine Kunden kamen. Ich erinnerte mich also wieder an die guten alten Werte: Echte Leistung, echte Qualität, das setzt sich am Ende und auf Dauer immer durch. »BESTÄNDIG Leistung, Limbeck!«

Ich lernte also dazu. You live, you learn! Zum Beispiel lernte ich, dass es Menschen gibt, die es gut mit dir meinen. HULK, der Hans-Uwe Köhler, der zum Beispiel war so einer. Ein anderer war Jan L. Wage, der neben Heinz Goldmann Mitbegründer des Club 55 war. Jan habe ich viel zu verdanken. Er war nicht nur einer der beiden Paten bei meinem Aufnahmevortrag, er brachte mich später auch zum Bücherschreiben.

Zuerst dachte ich, der scherzt. Er war ein erfolgreicher Autor, der in rund 50 Jahren rund 50 Bücher in zig Sprachen veröffentlicht hatte. Und ich war doch eigentlich mehr der Currywurstbudentyp. Ich habe meine Schule mit Ach und Krach und mit einigem Abschreiben in der Prüfung gerade so geschafft. Und ich bin Legastheniker. Also: Ich und ein Buch schreiben? Das klang so unwahrscheinlich, wie wenn ein österreichischer Bodybuilder kalifornischer Gouverneur werden könnte … Jedenfalls war mein Glaubenssatz: Ich kann kein Buch schreiben.

Jan sagte: Ich helf dir … Und er half mir mit Nachdruck. Ich glaube, ich machte bei meinem ersten Buch restlos alle Fehler, die du beim Bücherschreiben überhaupt machen kannst. Aber immerhin: Das Buch erschien. Der Titel war »Siegerstrategien für Verkaufsprofis – 20 Fragen, 20 Antworten«.

Ein Bestseller wurde es natürlich nicht. Aber ich hatte ein Buch geschrieben und veröffentlicht. Und meinen Glaubenssatz hatte ich aus meinem Leben gekickt. Die Bahn war frei für weitere Bücher. Noch heute bin ich Jan unendlich dankbar für seine Unterstützung. Bei jedem Buch, das ich seitdem veröffentlicht habe, bedankte ich mich bei ihm, denn ohne ihn und seine merkwürdige Idee, ausgerechnet aus mir einen Autor zu machen, wäre vieles anders gelaufen in meinem Leben.

Denn die Bücher brachten mir den Durchbruch! Vor allem seit meinem Bestseller »Nicht gekauft hat er schon« konnte ich in der Rednerbranche durchstarten. Seitdem werde ich oft von Leuten angesprochen, die ich gar nicht kenne – die aber mich kennen, denn vorne auf dem Cover drauf ist ja ein Foto von mir. Ich bin ja viel unterwegs, also gibt es viele Gelegenheiten dafür: im Stadion, am Flughafen, im Hotel. Neulich saß ich in Bayreuth im Hotel beim Frühstück und futterte drei Eier. Da drehten sich zwei am Nebentisch um und sprachen mich an: Sie sind doch Buchautor, ich kenn Sie! Ich hab das gelesen, das war gut!

Ich finde das geil. Ich freu mich darüber. Überleg mal, wo ich herkomme! Und bleiben wir mal bescheiden, es ist ja nicht so, dass mir das so oft passiert, dass es nervt. Ich signiere furchtbar gern Bücher und freu mir einen Ast, wenn sich jemand über mein Buch freut. Leute, Ihr könnt gar nicht ermessen, was mir das bedeutet!

Ein Freund, ein guter Freund

Und was die Bücher die Türen öffnen! Das habe ich vorher auch nicht gewusst. Ich wollte zum Beispiel als Trainer mit meinem Institut immer in die Zeitschrift »Wirtschaft und Weiterbildung« rein. Ich wollte, dass die über mich berichten und ich dadurch ein bisschen PR bekomme. Aber das klappte nie, ich lief immer vor die Wand. Dann kam mein Buch raus, wurde ein Bestseller und zack: Der Chefredakteur persönlich schrieb eine große Buchbesprechung. Aber was für eine! Sachkundig, wohlwollend, wertschätzend. Plötzlich war ich hoffähig. Ich war baff.

Es gab noch mehr Leute, die es gut mit mir meinten. Ein sehr geschätzter Rednerkollege, einer vom Typ Gentleman, nahm mich mal auf die Seite und sagte: »Martin, so wie du frisst, so geht das nicht. Du musst an dir arbeiten. Du brauchst Tischmanieren!«

Seit er mich darauf hingewiesen hatte, bemerkte ich, wie mich Leute beim Essen anschauten. Ja, es stimmte, ich schlang das Essen einfach nur runter. Nahrungsaufnahme eben. Er hatte recht gehabt. Ich musste lernen, das Essen zu genießen und mich bei Tisch sorgfältiger zu bewegen. Ich schaute mir ab, wie das die feineren Leute machten und ließ mir das eine oder andere erklären. Das war ein richtiger Lernprozess: Am Anfang war es mir nicht peinlich, aber ich mampfte wie ein hungriges Tier. Dann mampfte ich zwar immer noch wie ein hungriges Tier, aber mir war es wenigstens peinlich. Dann aß ich wie ein gesitteter Mensch, es war mir aber immer noch peinlich. Und heute – du gewöhnst dich an alles, sag ich dir! – heute bewege ich mich auch in Sternelokalen wie der Fisch im Wasser. Na, sagen wir, wie ein nicht ganz so geschmeidiger Fisch, aber ich falle nicht mehr auf und mir macht es Freude in schönen Restaurants.

Mit Wein kenne ich mich immer noch nicht besonders aus. Aber wenn ich heute mit dem Präsident eines großen schweizer Fußballclubs, mit dem Vorstand eines DAX-Unternehmens oder mit einem Verbandspräsidenten zum Essen verabredet bin, dann passt mittlerweile auch die Textilverpackung. – Auch mich anzuziehen musste ich erst lernen. Ich musste einfach langsam dem Ruhrpott entwachsen. Und auch dabei halfen mir freundliche Menschen.

Mein Steuerberater, der mir ein väterlicher Freund ist, der immer gut auf mich aufpasst, dass alles in meinem Laden sauber läuft, der sagte mir einmal: »Martin, sei bitte nicht sauer. Aber ich kann's mir nicht mehr verkneifen.«

Ich: »Sach schon!«

Er: »Deine Schuhe!«

Ich: »Was ist mit meinen Schuhen? Bin ich in Hundekacke getreten?«

Er: »Nein. Schlimmer.«

Ich: »Was?«

Er: »Deine Schuhe zu deinem Einkommen. Das passt nicht zusammen. Das geht gar nicht. Das musst du jetzt ändern!«

Ich erfuhr von ihm, dass es Pferdelederschuhe gibt für 1000 Mark das Paar. Ich konnte es nicht glauben. Aber er erklärte es mir: Bei schweren Kaltblutpferden gibt es hinten an der Flanke eine Stelle, wo das Bindegewebe unter der Haut extrem fest ist. Die Stelle ist nicht groß, du kannst aus einem toten Pferd gerade mal ein Paar vernünftige Schuhe machen. Aber diese Schuhe sind absolut unverwüstlich, stark wasserabweisend, brauchen wenig Pflege und sehen immer super aus – auch noch nach zehn Jahren! – Ich trage heute nichts anderes mehr.

Krawatten, Socken, Hemd und Anzug – noch so ein Thema. Als ich als Trainer anfing, wurde ich mal von einem großen Mobilfunkunternehmen gebucht, um deren Verkäufer drei Tage auf einer großen Messe zu begleiten und zu schulen. Der Vertriebschef hielt große Stücke auf mich und hatte mich unbedingt dafür haben wollen, gegen den Widerstand des Personalchefs. Für den einen war ich ein Verkaufsgenie, für den anderen eine Bratwurst. Und tatsächlich lief ich einfach nur unmöglich rum auf der Messe: hellgrüner Anzug, blauorange Krawatte, komische Socken, ich lief rum wie ein Papagei.

Nach meinem ersten Auftritt nahm mich der Boss beiseite und verpasste mir einen Einlauf. Ich musste mir umgehend ordentliche Klamotten kaufen, sonst würde ich hochkant rausfliegen aus dem Job. Aus heutiger Sicht: völlig zu Recht. Danke für den Schubs!

Ich lernte schnell. Übrigens ist ein guter Kleidungsstil keine Frage des Geldbeutels. Mein Papageiendress war auch nicht billiger als ein adrettes Outfit. Du musst aber die Augen dafür geöffnet bekommen, was passt. Heute tauche ich bei jedem Kunden auf wie aus dem Ei gepellt. Bei den Klamotten bin ich mittlerweile äußerst penibel, auch bei meinen Angestellten und bei den Verkäufern, die ich trainiere. Ich habe gelernt, wie wichtig das ist, wie viel besser dein Stand im Business ist, wie viel besser deine Ausstrahlung ist. Sogar wenn du nur telefonierst und dich dabei keiner sieht. Du wirkst ganz anders. Du fühlst dich ganz anders. Dein Äußeres ist immer der Spiegel deines Inneren. Und wenn du im Innern nicht ganz so sicher bist, dann ist der beste Tipp: Zieh dir was Schönes an! Das wirkt bis ins Knochenmark und richtet dich wieder auf.

Auf dem Weg ein feiner Mensch zu werden, brauchst du vor allem eins: ehrliches Feedback. Glaub mir, das ist selten. Du darfst dich glücklich schätzen, wenn du so etwas ab und zu um die Ohren gehauen bekommst.

Ich bekam so ein ehrliches Feedback mal von einem Rednerkollegen, mit dem ich ansonsten gar nicht so viel zu tun habe. Ein eher ruhiger, smarter, aber total freundlicher Mensch. Auf der Party meines Literaturagenten, der auch sein Agent ist, sprach er mich an: Er habe mich vor Jahren mal auf einem Kongress erlebt, da habe ich allen nur zeigen wollen, was sie für Arschlöcher sind. Wie sehr ich über allen stehen würde, wie viel besser ich sei. Ich sei großkotzig auf der Bühne gestanden und habe allen im Publikum signalisiert, was für kleine Lichter sie seien. Abends habe ich dann beim Gala-Dinner einfach nur jedem Rock hinterhergeschaut, der an mir vorbeigelaufen sei. Ich habe jedes Mädel, das einigermaßen im Beutealter war, angebaggert und mich benommen wie ein Gockel auf dem Misthaufen. Er sei richtig angewidert gewesen von mir.

Ich musste schlucken und wusste nicht, was ich sagen soll. Er hatte recht!

Doch jetzt, fuhr er fort, habe ich mich verändert. Was ich auf der Bühne auf der Agentenparty gesagt habe, sei richtig stark gewesen. Er freue sich über meine Ernsthaftigkeit und dass ich versuchen würde, etwas Nützliches, Hilfreiches zu sagen. Und meine Ausstrahlung sei viel weicher und freundlicher geworden. Und er wolle mir gratulieren. Nicht zu meinem Erfolg, sondern zu meiner Entwicklung.

Ich war immer noch sprachlos. Aber ich hätte ihn knutschen können. Diese Rückmeldung ist mir viel wert. Sie zeigte mir, dass es Menschen da draußen gibt, die dir absolut wohlwollend und positiv gegenüberstehen. Bei denen kannst du es dir nur selbst versauen.

Zeckenzange

Und es gibt die anderen. Die, die dich ausnützen, dich verarschen, dich beneiden, dir wie Zecken am Hals saugen, für die du nur eine Steckdose bist, in die sie ihren Stecker hängen, um sich aufzuladen.

Einer versuchte mich mal zu erpressen. Er wollte Kohle von mir haben, ansonsten würde er dafür sorgen, dass ich von seinem Unternehmen keine Aufträge mehr bekomme. Damals stand ich unter

Volldampf, wollte jede Mark Umsatz mitnehmen, um weiter nach oben zu kommmen. Das Unternehmen war ein großer Kunde, ich wollte den Deal machen!

Und dann kam dieser Idiot und stellte sich zwischen mich und meinen Erfolg. Ich wusste genau: Jetzt kann ich nur verlieren.

Ich überlegte nicht lange. Ob du erpressbar bist oder nicht, hängt nicht mit deiner Lebenssituation zusammen, sondern mit deiner Ehrlichkeit. Das ist ein Grundwert. Ein einzelner schmutziger Euro ist genau so viel wert wie eine schmutzige Million: nämlich nichts. Wenn ein Brunnen vergiftet ist, musst du dir eben den nächsten suchen.

In einer anderen Situation wurde mir signalisiert, dass ich den Auftrag nur bekomme, wenn ich den Chef mit auf mein Boot zum Angeln einlade.

Und in einer dritten Szene, die mir einfällt, kapierte ich, dass ich das Geschäft nie machen würde, wenn ich nicht mit dem Kunden auf den Golfplatz gehen würde, weil der seine Geschäfte immer auf dem Golfplatz machte.

Ich mag aber nicht Golf spielen. Und ich mag niemanden auf mein Boot mitnehmen, der nicht mein Freund ist. Und ich mag kein schmutziges Geld auf dem Konto liegen haben. So was macht mich krank. Ich komme aus dem Pott, mein Großvater war Steiger, wir haben für unser Geld immer hart malocht. Wir zahlen kein Schutzgeld, wir klauen nicht, wie kaufen nichts auf Raten. Ich mach das anders. Ich brauche keine Abkürzung. Wenn ich Geld verdienen will, nehme ich das Telefon in die Hand und akquiriere.

Ich verlor alle drei Aufträge. Und bin stolz darauf.

Es gibt aber nicht nur die Zecken da draußen im Business. Auch bei dir selbst im eigenen Haus wirst du ausgenommen, wenn du nicht aufpasst. Für falsche Freunde war ich immer viel anfälliger als für die unmoralischen Angebote, die du zwangsläufig bekommst, wenn du nach oben willst.

Torsten, mein Lieblingstrainer und Vorbild aus alten Tagen, war im Lauf der Zeit mein Freund geworden. Wir haben Sachen zusammen unternommen, er hat auch mal bei mir übernachtet, wir waren in Monte Carlo beim Autorennen – zehn Jahre waren wir Arsch an Arsch.

Er legte immer großen Wert auf Ästhetik. Seine ganze Kohle steckte er in Autos und Klamotten. Da stimmte jedes Detail, was anfangs prächtig Eindruck auf mich machte. Was Style angeht, war er mein Nordstern. Weniger fiel mir auf, dass hinter der Hochglanzfassade ein ärmliches Leben lag. Seine kleine Familie in der keinen Dachwohnung in der Kleinstadt in Norddeutschland war unglücklich. Da war kein Stolz. Aber das nahm ich erst gar nicht wahr.

Als es in meinem Unternehmen anfing zu laufen, dachte ich, es gäbe keine bessere Idee, als meinen Freund ins Unternehmen zu holen. Ich hatte ja zu Beginn von ihm auch viel gelernt und verspürte eine Dankesschuld. Ich habe ein Franchise-Konzept und bot ihm an einzusteigen. Das tat er und zu Beginn lief auch alles super. Allerdings brachte er selten einen Kunden, er akquirierte nicht, wie ich es erwartet hatte, sondern profitierte von Anfang an von meinem Namen und meiner Akquise. Das Blutsaugen hatte schleichend und unbemerkt begonnen.

Nach einigen Jahren wurde aber auch die Leistung immer schlechter. Die Unwahrheiten, Lügen und Ausreden nahmen dafür proportional zu. Für den Anfang vom Elend mache ich ihm keinen Vorwurf. Er bastelte eben an seiner Scheinwelt. Wer von uns macht das nicht? Nur ging es eben bei ihm dahinter schleichend bergab. Er versuchte, seine mühsam herausgeputzte Fassade vor seinem bröckelnden Leben zu erhalten. Und wenn du deine Geschichten oft genug erzählst, glaubst du sie irgendwann selber.

Aber irgendwann fehlten mir nicht nur Performance und Ehrlichkeit, sondern auch Geld: Er zahlte mir meinen Anteil an seinem Umsatz nicht aus. Immer wieder fragte ich nach dem Geld, das er mir schuldete. Seine Standardausrede: Die Steuer! Das Finanzamt! Die scheiß Voraus-, Laufend- und Nachzahlungen!

Ich verrat dir was. Solltest du dieses Argument jemals hören: Es ist ein Vorwand! Denn eine Steuer kann nicht überraschend kommen. Es ist zwar meiner Ansicht nach völliger Schwachsinn und absolut nicht nachvollziehbar, warum ein Staat seinen Bürgern mit Vorauszahlungen die Liquidität wegnehmen muss, noch bevor das Jahr gelaufen und die Steuer überhaupt ausgerechnet ist, aber trotzdem: Eine Steuerzahlung kommt am 10.3., am 10.6., am 10.9., und am 10.12. Und du weißt vorher, wie viel du zahlen musst, mach mir nichts vor! Du musst das Geld halt zurücklegen!

Dann jammerte er mir was vor von seiner kaputten Ehe. Dann gab es dies, dann jenes, nur eins gab's nicht, das war mein Geld.

Ich sagte ihm: Torsten, versuch's mal mit einem kleineren Auto!

Als ich dann von einer Reise zurückkam stand ein neues Auto vor unserem Büro: ein SLK von AMG mit grünen Nähten im Leder. Ich dachte, mich trifft der Schlag. Hatte der sich ein neues, aufgemotztes Auto bestellt, völlig über seinen Verhältnissen – und er hatte immer noch Schulden bei mir!

Natürlich habe ich ihn damit konfrontiert, aber es ging aus wie das Hornberger Schießen. Ich war damals einfach noch zu schwach als

Führungskraft. Zwischen uns stand unsere Freundschaft – ich konnte doch Torsten nicht rauskicken!

Aber jetzt begann ich drunter zu leiden, dass er jeden Tag in meinem Haus aus- und einging, während ich sein Leben unfreiwillig finanzierte.

Auch seine Leistungen gingen immer weiter in den Keller. Er lieferte einfach schlechte Arbeit ab, stritt sich mit Kunden, flog aus Aufträgen raus. Jetzt kamen auch noch Beschwerden von Kunden dazu und ich musste das dann wieder geradebiegen. Dann wollte ein Kunde, den er betreut hatte, nicht bezahlen, weil die Qualität seines Trainings nicht gepasst hatte. Und ich schlitterte an einem Rechtsstreit vorbei, weil er verbotenerweise ohne Genehmigung im Seminar gefilmt hatte.

Dass ich ihn früher für einen Star gehalten hatte, war einfach nur eine Frage der Perspektive gewesen. Mittlerweile hatte ich ihn in meiner persönlichen, aber auch in meiner fachlichen Entwicklung weit überholt. Wahrscheinlich war er schon immer so schwach gewesen. Nur hatte ich das nicht sehen können. Und jetzt sah seine Performance aus meiner neuen Perspektive einfach nur kläglich aus. Das wurde mir jetzt klar. Wenn du auf dem Weg nach oben einen Freund von früher überholst und hinter dir lässt – dann hat der meistens keine andere Chance, vor sich selbst zu bestehen, als dein Feind zu werden. Das ist furchtbar traurig.

Ich machte ihm eine Szene wegen dem Mist, den er gebaut hatte. Dabei saß er da wie ein Häufchen Elend und klagte über seine privaten Probleme. Er wollte sich von seiner Frau trennen und erzählte mir davon, wie seine Ehe zerbrochen war.

Aber ich sah nur, dass unsere Freundschaft zerbrochen war. Ich buchte das letzte Geld aus, das er mir schuldete, und trennte mich von ihm.

Logisch, was dann kam: Überall erzählte er rum, dass ich ihn fallen gelassen hatte, als es ihm mal schlecht ging. Der Klassiker. Der Blutstrom war versiegt, der Wirt hatte sich befreit. Jetzt sollte ich wenigstens der Böse sein und mit der Moralkeule verdroschen werden. Es war hässlich.

Und ich Samariter habe ihn sogar später nochmal angerufen, weil es mir keine Ruhe gelassen hatte. Ich wollte ihn auf ein Bier einladen. Aber er hat sich nie wieder gemeldet. Ich hätte froh sein können, aber merkwürdigerweise tat mir das weh. Ich komme unglaublich schwer los von Menschen.

Bei Kunden ist das für mich keine große Sache. Ein langjähriger Kunde sagte mir neulich, dass er im nächsten Jahr weniger Tage buchen will und er außerdem auch noch übers Honorar mit mir reden müsse. Peng.

Ich sagte ihm ganz unaufgeregt, dass es nicht bös gemeint sei, dass er mir ja aber bereits weniger Umsatz bringe. Da werde ich keinen Cent nachlassen, die höfliche Antwort laute Nein.

Er akzeptierte und meinte, er könne ja mal fragen.

Genau. Und du kannst auch mal Nein sagen. Bei Kunden kein Problem. Aber wenn mir jemand ans Herz gewachsen ist … Dabei solltest du gerade bei den Menschen, die dir was bedeuten, konsequent sein!

Vielleicht steckt einfach noch zu viel Ruhrpott in meinem Maßanzug. Oder vielleicht ist das auch ganz gut so …

5. Fleiß schlägt Talent

Ok, du kannst es also schaffen, nach oben zu kommen, auch wenn sich dir jede Menge Leute in den Weg stellen. Wenn ich es kann, kann es jeder. Die Frage ist nur: Wie geht das? Worauf kommt's an?

Manche Leute glauben, der Limbeck hat einfach nur Glück gehabt. Guter Punkt. Ich habe tatsächlich in meinem Leben jede Menge Glück gehabt. Und dafür bin ich dankbar!

Ich hatte Glück, immer wieder zum richtigen Zeitpunkt am richtigen Ort zu sein, die richtigen Menschen kennenzulernen, ein paar gute Entscheidungen getroffen zu haben, die ich genausogut auch hätte andersrum treffen können. Und ich hatte Glück, dass ich noch am Leben bin. Mein Freund Rich ist heute tot. Und ich hätte bei meinen Purzelbäumen mit dem Auto auch draufgehen können. Ja, ich hatte Glück in meinem Leben.

Aber erstens hat jeder auch hin und wieder mal Glück. Jeder! Und genauso wie ich Glück hatte, hatte ich auch hin und wieder Pech. Kein Mensch hat nur Glück und nur Pech. Wenn ein Stürmer viele Tore schießt, dann doch wohl deshalb, weil er viele Torchancen hat. Und wie bekommst du Torchancen? Mit Glück? Quatsch! Du musst sie dir erarbeiten!

Welcher Weg nach oben führt

Im Fußball ist es genauso wie beim Verkaufen. Und was beim Verkaufen und im Fußball gleich ist, das ist auch so im restlichen Leben: Wenn du nach oben kommen willst, brauchst du immer vier Sachen. Du musst erstens was drauf haben. Du brauchst Fähigkeiten. Du musst was können. Und du musst was machen!

Im Fußball bekommst du keine Torchance, wenn du nicht weißt, wann du wo hinlaufen musst, wie du dich von deinem Gegenspieler absetzt. Und was nützt dir eine Torchance, wenn du nicht fähig bist, den springenden Ball am Torwart vorbei und in die Maschen zu bekommen? Beim Verkaufen brauchst du Vorbereitung, Gesprächseröffnung, Bedarfsanalyse, Einwandbehandlung und Abschlusstechniken – und noch vieles mehr. Und du musst in der Lage sein, dich zu organisieren, damit du überhaupt Termine bekommst. Das alles hat nichts mit Glück, sondern mit Können zu tun.

Genauso ist es in Liebesbeziehungen, in Familien, an jedem beliebigen Arbeitsplatz – überall sind die erfolgreich, die etwas können und dieses Können in Taten verwandeln. Wenn du das Maul nicht aufbekommst, wirst du eine Traumfrau vielleicht treffen, aber niemals für dich interessieren können. Wenn du es nicht schaffst zuzuhören, werden deine Kinder sich nicht an dir orientieren und du kannst die Erziehung komplett vergessen. Und wenn du nicht in der Lage bist, zu lernen und zu kapieren, dann ist kein Job ein guter Job für dich. Je besser du kapierst, je besser du zuhörst, je besser du kommunizierst, desto erfolgreicher bist du – egal bei was. Und natürlich gibt es bei allem, was du tust, ganz spezielle Fähigkeiten, die gefragt sind. Ein Stürmer braucht Kopfballspiel, wenn du verkaufst, musst du mit Ablehnung umgehen können, als Pianist brauchst du geschmeidige Finger. Und vieles, vieles mehr.

So erarbeitest du dir Gelegenheit um Gelegenheit, weil du weißt, wie es geht, und dann brauchst du nur etwas Glück, damit es klingelt. Dass das Glück vorbeikommt, ist dann nur noch eine Frage der Zeit.

Ok, das ist also das Erste von den vier Dingen: Fähigkeiten. Außerdem brauchst du zweitens eine Ahnung davon, wie du am besten vorgehst. Du brauchst eine Strategie. Meine Strategie war am Anfang vor allem diese hier: Frechheit siegt.

Aber auch: Ehrlich währt am längsten. Verspreche nie etwas, was du nicht halten kannst. Sei pünktlich. Mach keine Schulden.

Später kam dazu: Zieh dir was Ordentliches an. Mach nie Smalltalk, außer der andere fängt damit an. Sorg dafür, dass du dein Gegenüber magst, bevor du ihm was verkaufst. Steh hinter dem Produkt, steh hinter dem Preis, sonst kannst du nicht verhandeln. Fokussier dich nicht auf die Beratung, sondern auf den Abschluss. Bereite dich auf jedes Gespräch gründlich vor. Und so weiter.

Ich will dir hier nichts über Verkaufsstrategien erzählen, das steht schon in meinen anderen Büchern. Hier nur so viel: Im Laufe der Zeit bekommst du bei allem, was du ständig tust, den Bogen raus, wie du am besten vorgehst. Und bei zwei Leuten, die beide identische Fähigkeiten haben, gewinnt natürlich derjenige, der die bessere Strategie hat. Einverstanden?

Dann kommt das Dritte: Die meisten sagen, der Limbeck ist doch zum Verkäufer geboren. Das ist wie: Der Nowitzki ist doch zum Basketballer geboren. Der Clinton ist doch der geborene US-Präsident. Ich hab das schon so oft gehört!

Das ist ein vergiftetes Kompliment. Es ist eigentlich sogar respektlos. Denn wenn einer es bis ganz nach oben schafft und du sagst, er sei dazu geboren, dann behauptest du ja, dass demjenigen etwas in die Wiege gelegt worden wäre, was ihm einen Startvorteil vor allen anderen verschafft hätte. Und damit fehlt komplett die Anerkennung für die Leistung, dann fehlt komplett der Respekt vor dem Geleisteten.

Es ist einfach Unsinn: Niemand ist zum Verkäufer, zum Basketballer, zum Rennfahrer, Bundeskanzler oder Popstar geboren. Verkäufer ist ein Handwerksberuf wie Schreiner oder Schlosser!

Dann kommt der Konter: Aber nicht jeder ist so extrovertiert wie du. Und zum Verkaufen musst du doch eine große Klappe haben!

Aber ich sage: Das stimmt einfach nicht. Um so zu verkaufen wie Limbeck, musst du Limbeck sein, das ist ja klar. Aber du kannst es auch ganz nach oben schaffen, wenn du verkaufst wie Müller, Meier oder Schulze, wenn du Müller, Meier oder Schulze bist. Ich kenne viele Key Accounter, die sind eher introvertiert. Na, logisch, die machen dann weniger Kaltakquise oder Telefonverkauf. Aber dafür können sie oft Stammkundenbeziehungen super pflegen und damit Umsatz machen ohne Ende.

Die Frage ist nicht: Welches Talent hast du? Die Frage ist: Wie machst du was aus dem, was du hast? Nimm Oliver Kahn. Er ist in seiner Karriere zwar nicht Weltmeister geworden, aber er war in seiner aktiven Zeit über viele Jahre einer der besten Torwarte der Welt. Lag es an seinem überragenden Talent? Sicher nicht! Er sagt selbst von sich, dass er nicht der talentierteste Torwart war. Aber er hat beim KSC, wo er groß geworden ist, drei Mal am Tag trainiert. Und wenn seine Mannschaft schon fertig war für heute, dann hat er sich der Amateurmannschaft angeschlossen und bei denen nochmal mittrainiert. Am Abend ließ er sich vom Platzwart, seinem Vater, den Rasen unter Wasser setzen und trainierte Schüsse auf regennassem Boden abzuwehren. Er trainierte wie ein Bekloppter – und plötzlich spielte es keine Rolle mehr, dass andere talentierter waren. Also erzähl mir nichts von »geboren für ...«!

Dieser dritte Faktor, den ich meine, ist die Einstellung. Du kannst es gegen alle Widerstände nur bis ganz nach oben schaffen, wenn du es dir selbst zutraust. Wenn du der Meinung bist, es verdient zu haben. Wenn du den unbedingten Willen hast, es nach oben zu schaffen. Nur dann schaffst du es, mit Niederlagen klarzukommen, mit Zurückweisungen, mit Rückschlägen. Nur dann trainierst du abends bei Flutlicht auf nassem Rasen.

Der vierte Faktor ist dein Ruf. Es ist egal, wen du kennst, es kommt nur darauf an, wer dich kennt. Und wofür sie dich kennen.

Stell dir vor, du bist Verkäufer und am Stammtisch wird über dich geredet. Situation Nummer eins. Der eine sagt: Kennst du den Limbeck? Der will mir einen Lkw für unsere Spedition verkaufen. Die anderen: Nö, den kenn ich nicht. Noch nie gehört. Wie heißt der? Limbeck? Ach so, ja, der war mal bei uns, das ist ein Vollpfosten. Schlechter Verkäufer, ist nie ordentlich vorbereitet. Der kennt sich nicht aus. Ich wünsch dir viel Spaß mit dem. Wenn du was zum Lachen haben willst, lad den ein. – So, am nächsten Tag kommt der Limbeck in die Spedition. Wie groß sind seine Verkaufschancen? Natürlich fast null. Egal, was er macht.

Situation Nummer zwei. Der eine sagt: Kennst du den Limbeck? Der will mir einen Lkw für unsere Spedition verkaufen. Die anderen: Ja, kenn ich, war schon oft bei uns. Ist ok. Der kann was. Bei mir war der auch schon. Ist nicht schlecht. – Welche Chancen hat der Limbeck am nächsten Tag? Ja, keine so schlechten, würde ich sagen.

Situation Nummer drei. Der eine sagt: Kennst du den Limbeck? Der will mir einen Lkw für unsere Spedition verkaufen. Die anderen: Was, der Limbeck? DER Limbeck? Echt? Ist ja geil. Boah, wie hast du das gemacht? Normalerweise musst du 70 Tage warten, bis der Zeit hat, der ist total ausgebucht. Logisch, das ist ja auch der beste Nutzfahrzeugspezialist überhaupt. Großartig, mach dich auf was gefasst, das wird allererste Sahne morgen. Dem kannst echt alles 1:1 abnehmen, der hat's drauf. – Und? Abschlussquote nahe 100%. Musst nur noch den Vertrag hinschicken, würde ich sagen.

137

So ist das. Und nicht nur beim Verkaufen. Wenn die Leute gut über dich reden, dann steigen deine Chancen bei allem. Auch beim anstrengenden Lehrergespräch, beim Mitarbeitergespräch oder beim Bankgespräch. Ich habe das heute kapiert. Wenn du hältst, was du versprichst, wenn du immer ehrlich bleibst und wenn du in dem, was du machst, richtig gut bist, dann redet die Welt gut über dich. Und das öffnet dir die Türen.

Lange Zeit war mir das total egal. Aber das war nicht schlau.

Gut, das sind vier Dinge: Fähigkeiten, Strategie, Einstellung und dein Ruf. Aber das ist mir alles noch zu kompliziert. Es gibt eine Sache, die in allen vieren drinsteckt. Preisfrage!

Vier Gründe fleißig zu sein

Stell dir vor, du bist im Stadion und feuerst deine Lieblingsmannschaft an. Der höherklassige Gegner ist überlegen und führt schnell. Aber deine Jungs kämpfen und bleiben dran. Sie geben alles. Mit Kraft und Mut und Geschick und Einsatz holen sie sich den Ball, fahren einen Bilderbuchkonter und erzielen den Ausgleich. Das Stadion ist völlig aus dem Häuschen. Könnte heute eine Sensation drin sein? Die Luft knistert.

Nach der Pause kommt dein Team aufgeputscht aus den Katakomben. Der Trainer tobt an der Seitenlinie entlang und versucht alles aus seiner Mannschaft herauszuholen. Sie kämpfen. Aber je länger das Spiel dauert, desto deutlicher setzt sich die Klasse des Gegners durch. Deine Jungs rennen sich einen Wolf, hetzen hinter dem Ball her, aber die Cleverness des großen Gegners wird immer deutlicher. Sie spielen deine Mannschaft eiskalt aus und machen in der Schlussphase noch zwei blitzsaubere Treffer.

Der Käse ist gegessen. Aber was ist das? Dein Team will immer noch nicht aufgeben! Der Coach wechselt nochmal zwei Stürmer ein, sie werfen alles nach vorne, setzen die Gäste nochmal gehörig unter Druck. Die Fans sind kurz vor dem Durchdrehen. Sie peitschen ihre Helden nach vorne.

Doch in der Schlussoffensive tun sich natürlich große Lücken in der Defensive auf. Der Gegner kommt an den Ball, fährt einen rasanten, klassischen Konter über drei Stationen und schiebt eiskalt das 4:1 über die Line. Aus. Schlusspfiff.

Die Spieler deiner Lieblingsmannschaft fallen erschöpft auf den Rasen, völlig fertig, geschlagen.

Sie waren eine ganze Klasse schlechter als der Gegner. Sie haben deutlich verloren. Bist du enttäuscht? Sind die Fans niedergeschlagen? Natürlich nicht! Es gibt rauschenden Beifall, die Jungs rappeln sich auf und applaudieren dem Publikum zurück. Der Coach kommt auf den Rasen und umarmt seine Spieler. Die Ersatzspieler kommen dazu und klatschen ihre ausgepumpten Kollegen ab. Das Stadion leert sich noch lange nicht, alle sind noch ganz benommen von der wilden Schlacht. Alle sind irgendwie glücklich. Ein Gefühl macht sich breit im Rund. Ein Gefühl, das die Spieler mit den Fans vereint. Das Gefühl ist: Stolz!

Warum können die Spieler stolz auf sich sein? Warum sind die Fans stolz auf ihre Spieler? Weil sie keinen Meter Weg gescheut haben. Weil sie jedem Ball hinterhergegangen sind. Weil sie gerannt sind, obwohl sie nicht gewinnen konnten. Weil sie kein Gramm weniger in die Wagschale geworfen hätten, egal wie die Sache ausgeht.

Was am Ende zählt, ist der Fleiß. Jeder, der dir wohlgesonnen ist, will, dass du fleißig bist. Dass du wenigstens fleißig bist! Das ist die Grundtugend! Denn jeder weiß: Wenn du fleißig bist, kannst du am

Ende nur gewinnen. Langfristig schlägt der Fleißige immer das Talent. Langfristig verwandelt sich Fleiß immer in Stolz.

In allen vier Erfolgsfaktoren steckt Fleiß. Geh sie durch: Wie erlangst du Fähigkeiten? Durch Übung, Übung, Übung. Es gibt keinen anderen Weg. Vor über 20 Jahren hat der US-amerikanische Psychologe Anders Ericsson eine einflussreiche Studie vorgestellt, in der er nachwies, dass quer über alle möglichen Bereiche diejenigen, die Weltklasse erreicht haben, immer mindestens 10.000 Stunden harte Arbeit mit diszipliniertem Üben reingesteckt haben. Ob das nun Konzertpianisten, Fußballer, Topmanager, Romanautoren oder sonstwer sind. Der Neurologe Daniel Levitin von der Universität Montreal bestätigte diese Regel: 10.000 Stunden Training braucht es zur Weltspitze. Mindestens. 10.000 Stunden, das sind ungefähr drei Stunden jeden Tag über zehn Jahre hinweg. Das heißt nicht, dass es eine Garantie gibt, dann auch automatisch weltklasse zu sein. Die Regel besagt nur, dass du mindestens so viele Übungsstunden brauchst und unter dieser Grenze kein Talent der Welt hilft.

Fleiß steckt auch in der Strategie. Denn deine Strategie findest du nur durch ausprobieren. Du musst immer wieder auf's Neue einen Anlauf wagen. Und wenn du dein Ziel nicht erreichst, veränderst du eben den Weg zum Ziel. Jedesmal, wenn du eins auf die Mütze bekommst, weißt du: Das war noch nicht die richtige Strategie. Also machst du das nächste Mal etwas anders. Jedesmal aber, wenn du dein Ziel erreichst, weißt du: Das sieht nach einem guten Weg aus, den nimmst du das nächste Mal wieder. Und Schritt für Schritt wirst du immer besser, weil du Schritt für Schritt genauer weißt, was zu tun ist. Fleiß macht aus dir nicht nur einen Könner, sondern auch einen Strategen. Und lass dir nicht einreden, das hätte was mit deinem IQ oder gar etwas mit deinen Schulnoten zu tun. Mehr als die Hälfte der zehn reichsten Menschen der Welt sind Schulabbrecher, Legastheniker oder Studienabbrecher. Sie haben trotzdem herausgefunden, wie der Hase läuft, oder?

Wie ist es bei deiner Einstellung? Jede faule Socke kann fleißig werden! Nimm mich: Ich war ein allgemein völlig interesseloses Kind. Bis auf wenige Ausnahmen: Du weißt schon, Legospielen. Aber die Ausnahmen, die sind das Entscheidende! In der Schule war ich so faul wie die Sünde. Ich hab selten Hausaufgaben gemacht. Richtig gut war ich nur im Abschreiben. Mein Aufwand war minimal, deswegen war ich auch so schlecht. Warum war das so? Weil die Schule für mich ein notwendiges Übel war. Ich hatte keinen Bock auf die Schule, weil das, was wir da gemacht haben, mich einfach nicht interessiert hat. Und trotzdem plädiere ich hier für Fleiß – wie passt das zusammen?

In der Schule hat mir schlicht das Motiv gefehlt. Es gab kein Ziel, das ich mit Hausaufgaben oder Klassenarbeiten verbunden habe. Schule war für mich einfach bedeutungslos. Sinnlos.

In der Lehre habe ich dann plötzlich ein Motiv entdeckt: Ich wollte raus aus der kleinbürgerlichen Enge, raus aus der Vorstellung für den Rest meines Lebens ein potenzieller VW-Kleinwagen-Käufer zu sein. Ich entdeckte einen möglichen Pfad: Verkaufen schien mir wohl irgendwie zu liegen. Und später kam zu dem Von-weg-Antrieb auch noch ein Hin-zu-Motiv dazu: Nummer eins sein!

Sobald ich das passende Motiv hatte, war Fleiß kein Ding mehr. Aus dem stinkfaulen Martin wurde mühelos der Limbeck, der niemals locker lässt. Heute zitiere ich in diesem Punkt Gordon Gekko und sage: Lunch ist für Loser! Ganz ehrlich: Ich mache seit Jahren keine Mittagspause mehr. Weder im Seminar, noch am Schreibtisch. Ich hol mir Obst oder sonst was Leichtes und mache, egal wo ich gerade bin, meine Hausaufgaben: Wiedervorlage durchackern. E-Mails schreiben. Kaltakquise – jeden Tag zusätzlich zwei neue Kunden anrufen, jeden Tag zwei Wiedervorlagen anrufen. Jeden Tag! Das sind 1000 Kontakte im Jahr, die ich allen voraus habe, die sich mittags um ihre Gemütlichkeit kümmern.

Fleiß ist, wenn du etwas jeden Tag tust, ohne Ausnahme. Wenn du einmal etwas gemacht hast und es tut dir gut: Tu es immer wieder! Immer wieder, bis es zur Gewohnheit wird. Der amerikanische Erfolgs-Guru Jim Rohn hat es so ausgedrückt: »Motivation bringt dich in Gang. Gewohnheit bringt dich voran.«

Dem Fleiß entspringt irgendwann der Erfolg. Zwangsläufig. Und der Erfolg macht dich süchtig und lässt dich noch fleißiger sein.

Wenn du nicht anspringst und automatisch fleißig bist, dann hast du kein Motiv, für das es sich lohnt. Dann brauchst du dich auch nicht zu zwingen, fleißig zu sein, das wäre ja sinnlos.

Nochmal. Fleißig kann jeder sein, sobald er im richtigen Umfeld ist. Wenn du nicht automatisch fleißig bist, dann bist du falsch! Dann solltest du etwas anderes machen, etwas, das dich antreibt.

So viel zur Einstellung. Und wie ist es mit dem Ruf? – Na klar, den erarbeitest du dir, indem du Tausende Male einen guten ersten Eindruck hinterlässt. Und diesen guten ersten Eindruck hinterher Tausende Male bestätigst.

Den guten ersten Eindruck brauchst du, weil sich kein Mensch daran erinnert, wer der zweite Mann auf dem Mond war oder wer die zweitmeisten Bundesligaspiele auf dem Buckel hat. Wer war der Held auf dem Mond? Armstrong! Zuerst war er der erste auf dem Mond und dann hat er auch noch sieben Mal die Tour de France gewonnen ... halt, das war ein Scherz. Aber dass Bananenflanker Manni Kaltz hinter Charlie Körbel die zweitmeisten Spiele geschafft hat, das weiß erstens kein Mensch und zweitens interessiert es (fast) keinen Menschen.

Übrigens spielte Charlie Körbel seine 602 Bundesligaspiele samt und sonders für die Eintracht und Manni Kaltz seine 581 Spiele samt und sonders für den HSV. Beinahe alle, die unter den beiden auf der Liste kommen, hatten mehrere Vereinswechsel. Was sagt dir das? Vermutlich haben Loyalität und Beständigkeit etwas ganz Entscheidendes miteinander zu tun. Der Fleiß verbindet beides – und am Ende steht ein guter Ruf.

Das große Wozu

Ja, ohne Fleiß gewinnst du nichts im Leben. Aber wahr ist auch: Du bezahlst immer einen Preis für deinen Fleiß. Ohne Preis kein Fleiß! So rum wird ein Schuh draus.

Wenn Geld dein wesentlicher Antrieb ist, dann ist der Preis, den du bezahlst, dass du erpressbar wirst. Zuerst erkennst du: Mit Fleiß verdienst du Geld. Dann erkennst du: Mit mehr Fleiß verdienst du mehr Geld. Und dann bist du in der Falle. So wie ich eine Zeit lang. Wenn du dann einen Chef hast, der das erkennt, hält er dir einen Bonus vor die Nase und wackelt damit herum, während du dir für ihn den Arsch aufreißt. Wer hinterm Geld her ist, macht sich früher oder später zum Sklaven eines Menschen, der cleverer ist.

Eine andere Sache ist der permanente Verzicht. Ist doch klar: Wenn du an irgendwas beständig dranbleibst, dann kannst du in der Zeit nichts anderes tun. Der Tag hat weiterhin 24 Stunden, und das bedeutet, du musst irgendwas von der Liste deines Lebens streichen. Für manche ist es die Frau. Oft sind es die Kinder. Bei vielen ist es der Sport, der gestrichen wird. Manche ganz Verrückte dezimieren den Schlaf. Das alles ist nicht schlau. Ob deine Familie vor die Hunde geht oder deine Gesundheit: Der Preis ist mit Sicherheit zu hoch. Du kannst dich an deinem Erfolg gar nicht so sehr berauschen, als dass du solche Verluste im Leben wieder auffangen kannst. Und zum Thema Gesundheit: Ich hab noch nie gehört, dass ein Toter erfolgreich ist.

Ein hoher Preis, den ich zum Beispiel bezahle: Ich spiele kein Golf … ok, das war schon wieder ein Scherz. Wenn ich ehrlich bin, ist das kein großes Opfer. Zwar spielen viele meiner Kunden und Kollegen Golf und schwärmen davon – und ich gönne es ihnen allen von Herzen. Aber mich reizt das nicht, denn bei diesem Sport dauert mir alles zu lange. Mir ist die Zeit zu schade.

Demgegenüber ist jede Minute, die ich beim Angeln verbringe, Gold wert. Allerdings habe ich es jahrzehntelang nicht geschafft, mir nebenher die Zeit zu nehmen, um die Angelprüfung zu machen. Den Preis habe ich bezahlt. Ich musste 28 Jahre am See schwarz angeln. Beim Angelverein habe ich mich eingetragen. Die Vereinsfrau: Hast du den Schein? Ich: Na, klar. – War aber ne glatte Lüge. Da bin ich nicht stolz drauf.

Erst jetzt, wo ich mir einen guten finanziellen Sockel geschaffen habe, lässt meine Existenzangst so langsam nach. Und darum habe ich mir mehr Zeit fürs Angeln genommen. Insbesondere auch dafür, die 60 Fragen für die Angelprüfung vorzubereiten. Früher hatte ich höllische Prüfungsangst. Da hätte ich den Schein vor lauter In-die-Hose-machen vermutlich gar nicht geschafft. Heute bin ich gefestigter. Ich habe sechs Wochen auf den Angelschein gepaukt – auch wieder fleißig. Und jetzt darf ich sogar offiziell bescheinigt fischen.

Ja, und dann kommt natürlich immer die argumentative Keule: Der Fleiß, den ich predige, würde doch am Ende nur alle Leute in den Burnout treiben.

Hm, da bin ich echt zwiegespalten. Ich will das Thema Burnout wirklich nicht runterspielen. Aber in dieser Riesendiskussion ist mir vieles zu einfach. Viel zu viele Leute glauben, wenn du zu viel arbeiten würdest, bekämst du Burnout. Das stimmt aber nicht.

Erstens wird unter den Deckmantel Burnout alles Mögliche druntergestopft, zum Beispiel auch Depressionen und andere psychische Störungen. Burnout ist keine Krankheit, sondern ein »Syndrom« – also eine Umschreibung für »alles Mögliche, aber keiner weiß Genaues«. Es geht eben um verschiedenste Formen von emotionaler, psychischer und körperlicher Erschöpfung, die alle irgendwie zusammenhängen. Zweitens wird das Thema auch gerne als Entschuldigung verwendet, um nicht fleißig sein zu müssen. Dabei kannst du auch ohne das Burnout-Argument faul sein.

Viele Stimmen, darunter Psychologen und andere schlaue Leute, sagen heute, dass Burnout gar nicht vom Job kommt, sondern das Problem in der Persönlichkeit der Betroffenen liegt.

Ich habe zu dem allen natürlich keine kompetente Stimme. Aber weil mir das oft vorgeworfen wird, habe ich mich damit auseinandergesetzt und mir meine eigene Meinung gebildet. Immerhin sehe ich das Ganze aus einer interessanten Perspektive, nämlich aus der eines Arbeitswütigen, der in seinem bisherigen halben Leben ungefähr so viel gearbeitet hat, wie es die meisten in ihrem ganzen Leben nicht schaffen.

Und ich sage: Fleiß ist nicht die Ursache von Burnout, sondern ein Zeichen dafür, dass du keinen Burnout bekommen wirst! Ich habe noch nie einen gesehen, der gleichzeitig wirklich fleißig ist und einen Burnout bekommt. Denn wenn du fleißig bist, weißt du, wofür du es tust. Das Ganze ergibt Sinn für dich. Du bist an der richtigen Stelle. Du hast keinen Job, sondern einen Beruf.

Und mit fleißig meine ich freiwillig fleißig, freiwillig diszipliniert, freiwillig konzentriert. Nicht gezwungenermaßen anwesend und beschäftigt.

Wenn du einen Burnout bekommst, hast du entweder eine Baustelle zuhause oder eine Baustelle im Job. Und wenn du eine Baustelle im Job hast, bekommst du früher oder später eine Baustelle zuhause, denn glaub mir: Niemand will auf Dauer dein Miesepetergesicht ertragen!

Eine Beziehung ist wie ein Haus: Du musst ständig was dran tun. Also musst du auch in einer Beziehung fleißig sein. Wenn du das nicht bist und dich nicht um deinen Partner beständig kümmerst, geht die Sache früher oder später in die Binsen. Da erzähl ich dir nichts Neues.

Das schaffst du aber nicht, wenn du einen Job machst, bei dem du nicht automatisch fleißig bist. Denn das ist doch nur ein Symptom dafür, dass du in der falschen Baugrube wühlst. Wenn du dich zwingen musst, morgens ins Geschäft zu fahren und die Mühe nur deshalb auf dich nimmst, weil bei dir zuhause die Kaffeemaschine kaputt ist, dann ist es meistens auch so, dass du abends ungern heimfährst. Fehlt nur noch, dass du morgens kaum aus dem Bett kommst. Dann brauchst du gar nicht mehr weiterackern, sondern kannst gleich zum Psychiater laufen und eine Kur beantragen.

Der Punkt ist: Wenn du nichts im Leben hast, das dich morgens mit Begeisterung aus dem Bett treibt, dann jammer nicht darüber, dass dein Chef oder deine Kunden oder deine Mitarbeiter dich in den Burnout treiben, sondern such dir einen Job, der dich mehr interessiert. Einen Job, für den du dir die Beine ausreißen möchtest.

Bei der Personalsuche höre ich von potenziellen Bewerbern oft: Umziehen will ich aber nicht! Ich sage: Wundere dich nicht! Wundere dich nicht, wenn du bei so einer Einstellung zur Arbeit weder erfolgreich wirst noch gesund bleibst!

Wenn du liebst, was du tust, bekommst du keinen Burnout. Auch dann nicht, wenn du sieben Tage die Woche rund um die Uhr arbeitest. Ich sage immer: Erfolg ist freiwillig. Und jeder hat die Wahl.

Das ist Fleiß!

Ich bin im Stadion, gehe in der Pause auf Toilette. Stehe an der Rinne und lass es laufen, da spricht der Typ neben mir mich an: »He, du bist doch dieser Verkaufstrainer, oder?«

»Ja, bin ich.«

»Mein Nachbar hat alle Bücher von dir gelesen und mir davon erzählt.«

»Freut mich.«

»Ich hätt's eigentlich lesen müssen. Weil ich Vertriebschef in einem Unternehmen bin. Wir wollen trainingsmäßig was machen. Ist ja lustig, dass ich dich hier treffe.«

»Gibst du mir deine Nummer? Ich ruf dich an.«

Ich ticker also seine Nummer in mein Handy und rufe ihn am Montagmorgen um 8:00 an. Neue Kunden am Sonntag am Urinal gewinnen. Das ist Fleiß!

Ich komme in ein Hotel, in dem ich zum ersten Mal bin. Gehe an die Rezeption. Sie sagt: »Guten Abend, Herr Limbeck.«

Ich schaue sie an und grinse breit. Okay. Erstens war ich an dem Abend der einzige angemeldete Gast. Zweitens hat sie Zeit gehabt zum Googeln und via Bildersuche mein Gesicht rauszufischen. Keine Kunst, aber fleißig.

Trotzdem hake ich nach und zwinkere sie an: »Kennen wir uns?«

Sie: »Nein, leider noch nicht. Aber meine Arbeitskollegin hat Ihr Buch gelesen und mir davon erzählt. Davon kenne ich Ihren Namen und weiß ungefähr, was Sie machen.« – Okay. Das ist Fleiß! Und zwar von ihr, dass sie sich über ihre Gäste schlaumacht. Von ihrer Kollegin, dass sie Bücher liest. Und von mir, dass ich Bücher schreibe.

Ich komme also auf's Zimmer. Da liegt ein Brief auf dem Bett: »Sehr geehrter Herr Limbeck, wir freuen uns …« Hm, personalisiert. Das ist fleißig.

Aber noch interessanter ist das, was daneben liegt: Ein Päckchen Lakritze und ein Gläschen Lakritzmarmelade. Volltreffer! Ja, ich weiß, in einem meiner Vorträge habe ich erwähnt, dass ich bestechlich bin. Es gibt zwei Dinge, für die ich mich sogar erpressen lasse: Lakritze und Wodka-Cranberry. Hat das Hotel das mitbekommen? Das ist Fleiß!

Am nächsten Tag komme ich nach einem mehr als angenehmen Hotelaufenthalt zu meinem Kunden und erzähle ihm natürlich davon. Er grinst und sagt, dass einer seiner Verkäufer ein absoluter Limbeck-Fan ist. Er kennt auch die Leute im Hotel. Er ist extra hingefahren und hat das Zimmer gecheckt. Er war es auch, der die Lakritze besorgt hat.

Wie geil ist das denn!

Das ist Fleiß! Also lasse ich mir Namen und Adresse geben und schicke dem Verkäufer einen Dankesbrief und ein signiertes Exemplar meines Buches sowie ein Hörbuch von mir. Und das hat übrigens alles nichts mit Geld oder Geschäft zu tun, sondern mit Anerkennung und Wertschätzung. Der Verkäufer war fleißig, also bin ich es auch.

Im Trainingszentrum in Königstein hatte der Geschäftsführer gewechselt. Der neue kannte mich noch nicht. Aber trotzdem sorgte er dafür, dass eine Schale Lakritze bereitsteht, wenn ich komme. Das ist Fleiß.

Mein Lehrling kommt am Sonntag, um Ordner zu beschriften. Das ist Fleiß.

Morgens um 7:00 schon eine Stunde gelaufen. Das ist Fleiß.

Abends um 21:00 noch ins Boxtraining gehen. Das ist Fleiß.

Meine Liebste fährt mich morgens um fünf zum Flughafen. Das ist Fleiß. Nein, das ist mehr, das ist Liebe!

Bin auf ein Geschäftsessen eingeladen. Eigentlich geht es um eine Trainingsreihe, die ich den Leuten verkaufen will. Aber am Abend geht es auch nahtlos über in private Inhalte. Wir sitzen von acht bis halb zwölf und reden. Super Gespräche. Ich bin beeindruckt. Hammer, dass die mir solche Sachen erzählen. Ich bin auf dem Hotelzimmer und schicke nach Mitternacht noch eine SMS los: Danke, klasse, toller Abend! Der Geschäftsführer schickt postwendend eine nette SMS zurück. Das ist Fleiß!

Du kannst mir unterstellen, dass ich das alles nur mache, um zu verkaufen. Aber wäre das so, dann wäre ich ein Krüppel. Natürlich gehe ich die Extrameile, weil es mein Business ist. Aber es ist ja auch nur deshalb mein Business, weil es mir so viel Freude macht.

Kämpfen!

Eines Tages im Januar rief mich ein Freund an: »Was machst du am 21.4.2013?«

Ich schaute nach. Ein Samstag. »An dem Tag bin ich im Stadion und schaue zu, wie die Eintracht Schalke schlägt. Richtig?«

»Falsch.«

»Was dann?«

»Martin, ich brauche dich an dem Tag hier in Berlin.«

»Worum geht's?«

»Es geht um den Lions' Club. Eine Benefiz-Gala für ein Kinderhospiz. Gute Sache.«

»Ok. Keine Frage. Wann soll ich sprechen?«

»Du sollst überhaupt nicht sprechen. Du sollst boxen.«

»Was?«

»Ein Boxkampf. Ein Charity-Kampf. Darum geht's bei der Gala.«

»Aber das kann ich nicht. Ich hab noch nie geboxt!«

»Martin, kapierst du's nicht? Das ist doch der Clou dabei. Alle, die an dem Abend kämpfen, haben vorher noch nie gekämpft.«

Ich war erst noch skeptisch. Es waren noch drei Monate hin, ich ging erst mal zu einem Boxtrainer, den mir ein Geschäftsfreund empfohlen hatte. Ich wollte von dem nur wissen: Schaffe ich das?

Wir machten eine Runde Training und dann sagte er mir: Das bekommen wir hin.

Aber ich war immer noch nicht voll dahinter. Wann sollte ich denn trainieren? Ich bin doch im Job total ausgebucht. Und ich habe über 100 Kilo drauf. Ich habe ja mein Leben lang Gewichtsschwankungen. Und wenn ich gerade wenig Sport mache, setze ich sofort Speck an.

Ich machte das ein paar Tage mit mir selbst aus, bis mir klar war: Ich mache das. Ich will das. Aber wenn ich was mache, dann richtig. Also lerne ich boxen. Richtig boxen, meine ich!

Ich sagte zu und ging trainieren. Dreimal die Woche laufen, um Kondition zu bekommen und Gewicht zu verlieren. Außerdem zwei- bis dreimal am Abend Boxtraining wie Rocky Balboa, nur ohne Schweinehälften. An Ostern Trainingslager statt Urlaub: zweimal am Tag boxen. Vor meinem ersten Kampf wollte ich Minimum 100 Sparringsrunden auf dem Tacho haben.

Wenn du nicht weißt, was Boxen bedeutet: Bei meinem ersten Sparring bin ich nach 15 Sekunden umgefallen, weil ich keine Luft mehr bekommen habe. Ich wusste nicht, wie ich mit einem Mundschutz atmen sollte. Und beim Boxen pumpst du wie ein Maikäfer. Boxen ist das körperlich Anstrengendste, was ich in meinem ganze Leben erlebt habe.

Ich habe noch nie in meinem Leben so hart trainiert wie in den Wochen vor meinem Kampf. Und ich war noch nie in meinem Leben so topfit. Ein geiles Gefühl!

Der Kampf und vor allem die Vorbereitung darauf waren für mich eine gigantische Herausforderung: Werde ich die Disziplin für das Training aufbringen? Wie schaffe ich es, meine Arbeit daneben normal weiterzuführen? Und das Boxen selbst: Wie werde ich reagieren, wenn ich wirklich mal eine auf die Zwölf bekomme? Ich hatte erst mal so richtig Angst davor. Wie gehe ich mit meiner Angst um? Wie ist das mit dem gegenseitigen Respekt, der sportlichen Fairness, wenn du voreinanderstehst und versuchst, dich gegenseitig niederzuschlagen? Werde ich das überhaupt bis zum Gong körperlich durchhalten? Wie werde ich mit der Niederlage umgehen, sollte ich verlieren?

Die Angst verwandelte sich im Sparring in gesunden Respekt. Ich bekam ordentlich was verpasst, sah richtig Sternchen, und merkte: So schlimm ist das nicht. Du kannst trotzdem weiterboxen. Und wenn du zu Boden gehst, gilt: Du kannst wieder aufstehen und weitermachen. Wie im Leben auch. Meine Hemmungen im Kopf, den Gegner wirklich zu treffen, gingen auch weg: Es war wie einen Schalter im Kopf umzulegen – weil ich die Erfahrung gemacht hatte, dass du dich nach dem Kampf sportlich-freundschaftlich umarmst, auch wenn es vorher ordentlich zur Sache gegangen ist.

Aber da war noch was anderes. Boxen hat ja so einen leicht asozialen Touch. So was von Milieu, von Unterschicht. Boxen ist bei vielen verpönt. Klar, es hat ja was mit Gewalt zu tun. Das Klischee ist, dass du nicht viel in der Birne haben kannst, wenn du boxt, und wenn doch, dann sorgen die Erschütterungen durch die Treffer im Laufe der Zeit dafür, dass sich die Intelligenz ein anderes Zuhause sucht ... Dieses allgemeine Naserümpfen über den Boxsport nervte mich immer mehr.

Und zugegebenermaßen: Ich machte das alles nicht nur für die Kinder im Hospiz. Sondern auch für das Kind vom Campingplatz ... Ich war doch damals immer der gewesen, der auf die Fresse bekommen hatte. Jetzt wollte ich mir was beweisen, mit 46 Jahren – ausgerechnet im Kampf Mann gegen Mann ein ganzer Kerl sein und stehen bleiben! Eigentlich was total Verrücktes. Und genau darum ging es: Ich wollte nicht nur meinen Gegner im Ring besiegen, sondern auch mein Loser-Ich, das mir immer noch in den Knochen steckte. Den Karlsson, den wollte ich ein für allemal auf die Bretter schicken!

Der Abend des Kampfes war ein Highlight in meinem Leben. Mein großartiger Trainer reiste mit mir nach Berlin. Ich lief ein mit zwei Bodygards. Wir machten eine Mordsshow für die 300 Gäste, die das Geld zusammenlegten für das Kinderhospiz. Mein Gegner war ein ehemaliger Profifußballer, der sich so wie ich gut vorbereitet hatte. Einer der drei Kampfrichter war Arthur Abraham. Wow. Zwei weitere Weltmeister im Profiboxen lernte ich kennen: Ramona Kühne und Rocky Rocchigiani. – Dreimal absolute Weltklasse. Alle drei waren supernett zu mir und sprachen mir nach dem Kampf ihre Anerkennung aus: Ich hatte gut geboxt und gewonnen.

Ich war so stolz. Ich hatte über viele Wochen so viel geleistet. Und am Ende hatte sich alles gelohnt. Es ging ja nicht darum, sich fachmännisch versohlen zu lassen, sondern jeder Schlag, den ich ausgeteilt habe, und jeder Schlag, den ich eingesteckt habe, war für einen guten Zweck. Ich habe außerdem drei Tische gekauft und dafür Gäste eingeladen. Ja, ich habe sogar meine Brust für fünfzehnhundert Euro an Kollegen aus der Rednerbranche als Werbeträger vermietet, damit insgesamt ein ordentlicher Betrag für das Hospiz zusammenkommt. Ich hatte mich voll reingehauen, finanziell, zeitlich und körperlich. Und jetzt war ich völlig fertig und total happy. Von allen um mich herum, die miterlebt haben, wie ich trainiert habe und wie ernsthaft ich an die Sache rangegangen bin, gab es viel Anerkennung.

Das Beste: Als ich aus dem Ring stieg, stand vor mir mein damals siebzehnjähriger Sohn: Zum ersten Mal im Leben bei einem Boxkampf, zum ersten Mal in seinem Leben im schwarzen Anzug mit Fliege. Und er sagte: »Papa, ich liebe dich. Ich bin so stolz auf dich!«

Aber nicht jeder erkennt Fleiß. Und nicht jeder kann Fleiß anerkennen. Als ich in meinem Facebook ein Foto von mir und Rocky postete, bekam ich sofort Kommentare und Rückmeldungen nach dem Muster: Prollsport. Dschungelcamp-Niveau. Und: Au weia! Ausgerechnet Rocky. Das ist ja nun nicht gerade ein Vorbild!

So, und das hat mich geärgert. Ich dachte: Habt ihr denn nicht kapiert, um was es hier eigentlich geht? Habt ihr nicht verstanden, dass alle, die an diesem Abend da waren, zum Teil über Monate fleißig gewesen sind, weil sie gemeinsam etwas bewegen wollten in der Welt? Ich konnte nur ahnen, was diese Nörgler und Kritiker im gleichen Zeitraum geleistet hatten: Weltrekord im Sesselpupsen?

Und wer hat denn überhaupt gesagt, dass Rocky ein Vorbild sein soll? Oder dass er eines sein will? Das Wort »Vorbild« finde ich sowieso nicht hilfreich. In allen Lebensbereichen perfekt sein, mit seiner ganzen Persönlichkeit und seinem ganzen Leben ein Leitstern für die komplette Menschheit sein – das kann doch keiner. Wer das fordert, ist meiner Ansicht nach völlig irre. Denn dann könnte es ja außer Jesus von Nazareth überhaupt niemanden geben, an dem du dir ein Beispiel nehmen dürftest.

Warum können das die meisten Leute nicht auseinanderhalten? Ich nehme darum lieber ein anderes Wort und spreche von »Leitbildern« – immer nur für einen ganz bestimmten Bereich. Beim Thema Verkaufen habe ich mittlerweile akzeptiert, für viele andere Verkäufer als Leitbild wahrgenommen zu werden. Ist mir eine Ehre.

Und Rocky Rocchigiani? Aber hallo! Ich stand stolz neben ihm, weil der Mann in seiner Profikarriere ein super Boxer war. Nicht mehr und nicht weniger. Er war im Ring extrem diszipliniert, hat seine Linie im Kampf immer sauber durchgezogen. Er war einer, der nur sehr wenig einsteckte, weil er so eine gute Deckung hatte und so intelligent boxte. Es gab in seiner Zeit kaum einen Boxer, dessen Verhältnis von eingesteckten Treffern und ausgeteilten Treffern so gut war wie seine. Und er war erfolgreich. Deutscher Meister als Amateur. In 48 Profikämpfen 41 Siege, davon 19 durch K.o. Er wurde Europameister und Weltmeister, und zwar erst der dritte deutsche Weltmeister im Profi-Boxsport überhaupt!

So was kannst du mit Fleiß erreichen. Warum soll so ein großer Sportler kein Leitbild für seinen Sport sein? Seit ich weiß, was es alleine schon heißt, für einen einzigen Kampf zu trainieren, habe ich einen Heidenrespekt vor seiner Leistung.

Und nur weil Rocky in seinem Leben außerhalb des Rings einigen Mist gebaut hat, auch mal in den Bau eingefahren ist, sich auch mal in einer Kneipe rumgeprügelt hat, auch mal gesoffen hat, seine Frau verloren und sein Vermögen durchgebracht hat, kann ich trotzdem großen Respekt vor ihm haben: Der Mann hat auf seinem Gebiet Großes geleistet. Punkt.

Das ist Fleiß!

6. Erst schaufeln, dann scheffeln

Fleiß ist allerdings erst die halbe Schatzkarte. Die andere Hälfte ist eine ganz bestimmte Einsicht. Ich kenne sie, seit ich in Amerika als junger Kerl ins Schneeschaufelbusiness eingeweiht worden bin. Bitte, hier ist sie: Zuerst bist du fleißig und leistest was. Danach wirst du dafür belohnt. In dieser Reihenfolge. Nicht andersrum!

Das war eine der futterhaltigsten Lektionen meines Lebens. Und ich zieh das eisern durch: Erst geben, dann nehmen. Steht ja schon in der Bibel! Erst leisten, dann Anerkennung bekommen. Erst schaufeln, dann scheffeln. Das ist der rote Faden meines Aufstiegs, so bin ich unaufhaltsam nach oben gekommen.

Klar, du musst dann auch nehmen, wenn du was bekommst. Nehmen ist okay. Denn wenn du nur gibst und nichts nimmst, kommst du auf keinen grünen Zweig und dann hast du irgendwann auch nichts mehr zum Geben. Aber die Reihenfolge ist wichtig!

Auf diese Einstellung bin ich stolz. Ich finde sie fair. Und wenn jeder so drauf wäre, dann würde es uns allen noch viel besser gehen. Gleichzeitig ist es aber auch einer meiner wunden Punkte. Wenn du diesen Knopf bei mir falsch drückst, kannst du mich echt sauer machen. Wenn du nur die Belohnung im Blick hast, aber das Leisten vergisst, wenn du nur darauf schaust, was jemand hat, aber nicht, was er vorher dafür getan hat, wenn du Forderungen und Ansprüche stellst, bevor du Ergebnisse vorweisen kannst, dann werden wir keine Freunde. Denn: Das ist die Quelle von Sozialneid. Und bei Sozialneid hört bei mir der Spaß auf.

Da ist die Tür!

Ich habe eine Zeit lang in Bad Homburg im Taunus gewohnt. So kontaktfreudig ich bei der Arbeit bin, so eigenbrötlerisch kann ich zuhause sein. Das tut mir einfach gut: Nix hören, nix sagen, sondern auftanken. Ich hatte einen Lieblingsnachbar, aber mit allen anderen rings um mein Grundstück hatte ich sechs Jahre lang außer »Hallo« und »Guten Morgen« keinen Kontakt. Ein netter Nachbar reicht ja auch vollkommen.

Diese stressfreie Zeit war zusammen mit heute die schönste Zeit meines Lebens. Kein Knatsch. Keine Missverständnisse. Kein Getratsche. Ich hab's genossen!

Doch dann näherte sich unbemerkt das Unheil in Form einer Einladung. Bei meinem netten Nachbar hatte ich das Paar von gegenüber kennengelernt: Er ist Küchenchef in einer großen Firma, seine Frau arbeitet bei der Bank. Und wenn der Kontakt schon mal da ist: Es dauerte nur wenige Wochen, da flatterte mir eine Einladung dieser Nachbarn zu einem Grillfest zu.

Ich wollte erst gar nicht hingehen. Aber mein Lieblingsnachbar drängelte: »Komm, Martin, die machen ein schönes Sommerfest, da kannst du ruhig hingehen. Ist doch unfreundlich sonst!«

Also gut, was soll's, ich geh hin und ess ein bisschen was und lerne die Frau von der Bank kennen. Ich merke: Ihr Essen schmeckt mir, die Frau selber eher nicht. Einfach nicht meine Wellenlänge. Das darf's doch geben, oder?

Einige Zeit später machte ich selbst eine Grillparty. Von meinen Nachbarn wollte ich nur meinen Lieblingsnachbar einladen. Doch er sagte: »Hey, Martin, das kannste doch nicht machen. Die haben dich doch auch eingeladen. Komm schon!«

Ich dachte kurz nach. Er hatte recht. Also lud ich den Koch und die Bankerin auch ein. Eine Einladung. Eine Gegeneinladung. Und schon bist du drin in einer ausgewachsenen Bekanntschaft. – Damit war die schönste Zeit meines Lebens vorbei.

Denn ab diesem Moment war ich mit dem Neid dieser Frau konfrontiert. Eigentlich hatte sie von zuhause Kohle mit in die Ehe gebracht. Und ihr Mann verdiente auch nicht schlecht. Die hatten keine finanziellen Probleme. Aber mir gönnte sie nicht die Butter auf's Brot. Du weißt ja, wie so was geht: Da sind immer so Andeutungen. So Halbsätze. So spitze Bemerkungen. So Auslassungen in den Sätzen, sodass du dir deinen Teil dazu denken sollst. So Unterstellungen. »Oh, ne, das ist doch nix für den Martin!«, »Na, ob du den Martin mit sowas Billigem begeistern kannst?«, »Ach, das kann sich der Martin doch erlauben.«, »Na, Martin, du hast es ja einfach.« – Permanent! Die ging mir so was von auf den Sack mit ihrem ständigen Martin-und-das-Geld-Thema …

Dann war irgendwann Weihnachten. Am zweiten Feiertag saßen die Nachbarn an meinem Tisch. Irgendwann war es dann so weit. Es fiel folgender Satz aus ihrem spitzen Mund: »Naja, Martin, für das Geld, was mein Mann im Monat verdient, stehst du ja morgens gar nicht auf!«

Das war genau der eine Tropfen zu viel. Das Fass lief über. Feierabend! Endgültig. Ich stand auf und schoss sie über den Haufen – natürlich nur verbal: Was ihr einfällt, so urteilend über mich zu reden an meinem eigenen Tisch. Dass sie mich doch überhaupt nicht kennt. Dass sie überhaupt nicht weiß, ob und wie ich mich tagtäglich anstrenge. Dass sie keine Ahnung hat, was ich überhaupt beruflich mache, geschweige denn, was ich verdiene. Dass sie alle ihre Urteile über mich nur an meinem Haus und meinem Auto festmacht. Dass ich die Schnauze voll davon habe, dass sie ihre eigene Unzufriedenheit ständig an mir abreagiert. Dass mir dazu nur eins einfällt:

Freundschaftstest: Note Sechs! Setzen! Oder nein, besser aufstehen und aus meinem Haus verschwinden! Da hinten ist die Tür!

Gut, das war wenig diplomatisch, aber ich hatte einfach genug. Ich schmiss sie tatsächlich raus. Ich vertrage Sozialneid einfach nicht. Natürlich darfst du jetzt psychologisieren: »Oh, der Martin ist aber empfindlich! Was er da wohl verdrängt hat, was er damit wohl kompensiert!«

Ja, natürlich trifft mich das, weil ich mir jeden Cent, auf dem ich sitze, in dem ich rumlaufe, in dem ich schlafe und mit dem ich durch die Gegend fahre, selbst verdient habe, mit Tausenden Stunden Schaufeln. Es ist doch ein Riesenunterschied, ob du Geld hast oder ob du Geld *verdient* hast! Ich bin eben einer, der erst schaufelt und dann scheffelt. Wenn sich einer nur auf das Scheffeln fixiert und bei sich und bei anderen nur den hereinkommenden Geldstrom sieht, völlig losgelöst von dem Schaufeln, das damit in Zusammenhang steht, dann ist mein Stolz getroffen. Wer mir das Schaufeln abspricht, ist bei mir an der falschen Adresse.

Es ist sogar so, dass ich bei den Menschen oft ausblende, was sie scheffeln, ich schaue eher immer nur auf das Schaufeln. Ob jemand Geld hat oder nicht, sagt mir wenig über den Menschen aus. Aber ob er bereit ist, in Vorleistung zu gehen, das zählt für mich!

Herzlichen Glückwunsch!

In Deutschland darfst du ja leider nicht offen stolz auf deine Vorleistung sein – und auf den Effekt davon, nämlich deinen Erfolg oder dein Einkommen. Da fährt dann sofort die Moralkeule auf dich nieder. Denn wenn du dir irgendwann Geld erarbeitet hast, dann glauben viele, du hast es jemandem weggenommen, der es genauso gebraucht hätte wie du. Dann wird das Haar in der Suppe gesucht, denn dann hast du bestimmt was Böses, Schlechtes, Schlimmes gemacht, um dir das Geld unter den Nagel zu reißen. Wenn du was leistest, wird dir nachgesagt, dass du angibst, um andere schlecht aussehen zu lassen. Wenn du erfolgreich bist, wird dir nachgesagt, dass du deinen Erfolg auf dem Rücken von anderen feierst.

Die übliche Reaktion der Leistungsträger ist darum, das schöne Auto um die Ecke zu parken. Also nicht stolz zu sein. Falsche Bescheidenheit aufzusetzen. Die eigene Leistung runterzuspielen. Sich verbal genauso hinter Mauern und Hecken und Zäunen aus Wörtern zu verstecken, wie das Haus hinter Mauern, Hecken und Zäunen versteckt werden muss. Das ist wie wenn der beste Mann auf dem Platz absichtlich einen Fehlpass spielt, damit die anderen Spieler sich nicht so schlecht fühlen. Ich habe diese soziale Defensivtaktik schon so oft erlebt und so oft bei anderen gesehen, dass mir schlecht wird.

Ich habe irgendwann beschlossen, offen dazu zu stehen, was in den Augen vieler eigentlich nicht erlaubt ist: Ich verschweige weder meinen beruflichen Erfolg, noch, dass ich Porsche fahre. Klar, das eine hat mit dem anderen zu tun.

Ich habe sogar zwei davon, einen 911er Cabrio, weil er schnell ist, und einen Cayenne, weil er praktisch ist. Aber ich erzähle das nicht, um zu provozieren. Ich hab's auch nicht nötig, mit einem Auto anzugeben. Es ist ganz einfach: Es ist eben meine Lieblingsautomarke. Weil ich mich mit dem Erfolg dieser Marke und ihrer Art erfolgreich zu sein identifiziere. Natürlich auch, weil ich's mir leisten kann. Und weil es keinen einzigen vernünftigen Grund gibt, nicht darüber zu reden. Und nein, das ist keine Schleichwerbung, ich bekomme dafür kein Handgeld! Ich erzähle dir das, weil du nur so verstehen kannst, wie ich ticke. Ich weiß, dich stört's nicht, denn sonst hättest du nie im Leben so weit hier reingelesen …

Worum's mir dabei geht: Ich habe von Porsche für's Leben gelernt. Die sind nämlich absolute Vorbilder für mich, wenn's ums Schaufeln geht. Da habe ich mir abgeguckt, wie das mit der Reziprozität in der Praxis funktioniert. Reziprozität? Das heißt einfach: Was ich bedingungslos gebe, kommt irgendwie und irgendwann wieder zu mir zurück.

Drei kleine Geschichten dazu:

Die erste spielt immer, wenn mein Neuwagen ein Jahr alt wird. Dann kommt zuverlässig ein Päckchen aus Zuffenhausen. Im Brief steht so was wie: Wer sagt, dass nur Menschen Geburtstag haben? Ihr Porsche wird ein Jahr alt. Herzlichen Glückwunsch!

Dazu gibt es ein Geschenk: Ein schweres Stück Metall, darauf eingraviert ist das Porsche-Emblem, dazu die Fahrgestellnummer meines Autos, das Baujahr und der Name des stolzen Eigentümers: Das bin ich. Das Ding kannst du als Briefbeschwerer nehmen, als Buchstütze oder du stellst es einfach ins Regal oder in eine Vitrine.

Brauchst du so was? Natürlich nicht. Worum geht's dabei? – Es ist eine Geste. Es ist in Metall gegossener Stolz. Der Effekt: Ich freue mich wie ein kleiner Junge darüber. Ich besitze drei solche Briefbeschwerer und sie haben für mich den Status wie kleine Pokale.

Was du da rausziehen kannst: Porsche macht das nicht, weil die so lieb sind. Natürlich ist das cleveres Marketing, natürlich machen die das, um die Bindung des Kunden an die Marke zu erhöhen. Alles, was ein Unternehmen macht, muss auf den Geschäftszweck einzahlen. Das ist doch vollkommen in Ordnung. Und natürlich bezahle ich beim Kauf des Neuwagens das Geburtstagsgeschenk gleich mit, selbstverständlich ist das einkalkuliert. Der Punkt ist nicht, dass sie was für ihre Marke tun, sondern wie sie das tun: Wie machen die das?

Sie schaufeln, indem sie ihren Kunden positive Emotionen schenken. Ja, schenken, denn sie geben dir das positive Gefühl ohne Bedingung, ohne Kopplungsgeschäft, ohne Wenn-dann-Bedingung, ohne eine Gegenleistung zu fordern. Positive Emotionen schenken!

Alles organisiert

Die zweite Geschichte wird wichtig, wenn ich an einen Flughafen komme. Das ist in meinem Business Alltag, ich fliege ständig. Und immer musst du parken. Dein Auto steht mehrere Tage dort und die Uhr tickt. Auf's Jahr gerechnet sind das vierstellige Parkgebühren. Meine Porsche-Kreditkarte ist auch teuer, sie kostet eine vergleichsweise saftige Jahresgebühr. Aber jetzt kommt's: Die Gebühr ist überhaupt kein Thema, denn die Kreditkarte funktioniert im Flughafen-Parkhaus wie ein Ausweis: Ich darf damit umsonst parken! Porsche bezahlt mir meinen Parkplatz am Flughafen. Ich spare damit weit mehr als mich die Kreditkarte kostet. Das bedeutet also: Porsche schenkt mir Geld.

Aber das könnten sie mir ja auch einfach so überweisen. Oder einfach den Kaufpreis für das Auto entsprechend senken. Warum ist es trotzdem eine geile Idee?

Weil es eben ein Geschenk ist, eine Geste, ein Signal: Wir wollen, dass du es einfach hast in deinem Leben, wir wollen, dass du dich freust, wenn du mit deinem Auto unterwegs bist. Wir machen dir eine Freude, weil das unser Job ist. Wir stellen nicht nur Autos her, sondern wir sorgen dafür, dass du Spaß daran hast.

Der Beweis für diese Haltung kam neulich, als ich den Kreditkartenvertrag verlängert habe. Ich bekomme nicht einfach die Karte in einem weißen Briefumschlag auf einen Brief geklebt zugeschickt wie bei einer Feld-Wald-und-Wiesen-Bank. Nein, ich bekomme ein schwarzes, einen halben Zentimeter dickes Leder-Etui im DIN-A4-Format. Innen liegt in einem Polster aus schwarzem, ausgeschnittenem Schaumstoff die Karte plus AGB, dabei ein schönes Porsche-Portemonnaie. Dazu ein schön formulierter Brief. Wie geil ist das denn!

Ich kenne die Preise von solchen Sachen. Das ganze hat Porsche alles in allem locker das Doppelte gekostet, was ihnen die Jahresgebühr der Karte einbringt. Daran siehst, du, worum es denen wirklich geht: Dem Kunden zeigen, wie sehr sie ihn wertschätzen, wie sehr sie sich um ihn bemühen. Die Kreditkarte ist kein Geschäft, es ist eine Geste. Und sie wirkt. Jedenfalls bei Typen wie mir.

Klar, ich weiß, ich habe das alles bereits bezahlt, als ich den Wagen gekauft habe. Aber ich sehe auch, wie die schaufeln, um beim nächsten Mal, wenn ich mir ein neues Auto kaufe, wieder völlig verdient scheffeln zu dürfen.

Die dritte Geschichte spielt auf der Autobahn. Während viele Kollegen sich gerade von Audi haben ködern lassen und im Rahmen eines VIP-Programms für ein Jahr einen Audi R8 fahren, sitze ich am Samstagmorgen in meinem Porsche und brettere zufrieden nach Stuttgart zu einem Vortrag eines internationalen Redner-Stars, den ich unbedingt mal sehen wollte, bevor der sich zur Ruhe setzt.

Auf Höhe Pfungstadt geht das Lämpchen an: Motor kaputt. Jetzt gehöre ich zu den Menschen, die alle Dinge, in die sie Zeit und Geld investieren, hundertprozentig in Schuss halten. Hab ich so gelernt. Dieser Wagen hatte fünf Jahre pfleglichen Umgang und 44.000 km auf der Welle. Mehr nicht. Und die Motorlampe geht an! Ich merke, die Motorleistung nimmt auch ab. Da stimmt was Fundamentales nicht. Blick auf die Uhr, es wird knapp. Ich fahr raus an die Tanke bei Pfungstadt, mach die Kiste aus und rufe Porsche Assistance an. Eine nette Frauenstimme ist sofort dran, ich erzähle, was passiert ist. Bin in Pfungstadt. Habe gemerkt, der Motor läuft nicht auf allen sechs Zylindern. Brauche Hilfe. Bin im Stress. Muss noch nach Stuttgart. Sie kümmert sich.

Keine zehn Minuten später kommt der Rückruf: Herr Limbeck, der Abschlepper ist unterwegs. Einen Mietwagen aus dem Hause Porsche bekommt sie leider erst um 11 Uhr zu mir. Aber ... Bevor ich was sagen kann, redet sie schon weiter: Sie hat bei einer Mietwagengesellschaft bereits einen Wagen für mich reserviert, nur vier Kilometer entfernt. Ich müsste nur mit dem Taxi hinfahren, dann geht es sofort weiter.

Klar mach ich. Super organisiert. Ich deponiere meinen Autoschlüssel an der Tankstelle, springe ins Taxi. Und beim Losfahren sehe ich noch, wie der Abschlepper ankommt. Ich komme bei der Autovermietung an, werde sofort mit Namen begrüßt, alles ist vorbereitet, ich steige in einen A6 und bin schon wieder auf der Autobahn – und noch im Zeitplan. Keine zehn Minuten später der nächste Anruf: Ein Mann am Telefon meldet sich: »Guten Tag, Herr Limbeck, hier ist der Abschleppwagenfahrer. Ich wollte Ihnen nur Bescheid geben. Ich habe Ihr Auto aufgeladen. Ich glaube, ich habe sie sogar noch mit dem Taxi wegfahren sehen. Ich bin auf dem Weg zu Porsche Darmstadt.«

Ich denke: Wow. Das ist ja der Hammer. Das scheint ja alles tipptopp organisiert zu sein.

Zwanzig Minuten später. Die nette Dame von Porsche Assistance ist wieder dran. Sie will sich erkundigen, ob mit dem Mietwagen alles geklappt hat. Sie hat schon gehört, wo mein Wagen ist. Ihr ist klar, dass ich den Wagen am liebsten in meiner Heimatwerkstatt haben will, aber sie kann nur im Umkreis von 50 km abschleppen lassen. Die Mehrkosten müsste dann meine Porsche-Werkstatt tragen, sie kümmert sich drum. Wenn alles klappt, ist mein Auto am Montag in meiner Werkstatt.

Früher hätte mich eine Panne völlig aus der Bahn geworfen. Ich hätte mich aufgeregt und wäre verärgert zu spät zu meinem Termin gekommen. Jetzt aber dachte ich: Alles super. Alles organisiert. Alles in besten Händen. Verstehst du? Porsche hat mir Sicherheit gegeben. Die haben mir unmissverständlich klargemacht: Ich kann ihnen vertrauen, die haben's im Griff. Aber es geht noch weiter.

Ich fahre also gut gelaunt zu der Veranstaltung und wieder zurück. Am Montagmorgen rufe ich in meiner Werkstatt an. Mein Meister ist dran und ist schon über alles informiert. Er hat bereits einen Abschlepper nach Darmstadt geschickt und holt mein Auto. Ist ihm auch lieber, selber zu schauen, was los ist, sagt er.

Nachmittags bekomme ich den nächsten Anruf. Wieder dieselbe nette Dame von Porsche Assistance: Herr Limbeck, sind Sie schon informiert? Ihr Auto wurde in Darmstadt abgeholt und ist heil in Ihrer Werkstatt angekommen.

Die kümmern sich lückenlos! So langsam lerne ich, was Customer Care wirklich bedeuten kann. Auch in Deutschland.

Sie fragt mich: Wie lange wollen Sie den A6 behalten? Wir haben mal bis Donnerstag kalkuliert. Ich sag: Gut so. Donnerstag flieg ich mittags weg, da geb ich das Auto am Flughafen ab.

Am Donnerstagnachmittag bin ich in Wien, da geht wieder das Handy: Porsche Assistance. Ob mit der Abgabe meines Mietwagens alles geklappt hat und ob ich mobil sei … So geil!

Zwischenzeitlich hatte mich der Werkstattmeister angerufen, dass er den Fehler noch nicht gefunden hat und weiter suchen muss. Ob ich ein Auto brauche? Nein, ich bin unterwegs und alles ist gut, sonst melde ich mich. Den Leihwagen hatte ich von meiner Werkstatt ohne Berechnung bekommen. Ich war zu jeder Minute betreut und über alles informiert. Keiner hat locker gelassen.

Dann kommt die Diagnose. Mein Meister ruft an und erklärt es mir: Die Zündkerze ist kaputt gegangen, Partikel davon sind in den Zylinder geraten. Zylinderkopf kaputt. Er müsste jetzt den Motor komplett überholen. Aber … Bevor ich was sagen kann, redet auch er schon weiter: Er sagt, er hat bereits einen Kulanzantrag gestellt. Er will lieber, dass ich einen neuen Motor bekomme. Und es ist ihm unangenehm, dass ich nach nur 44.000 km mit einem Motordefekt liegen geblieben bin.

Also: Eine Woche später hatte ich mein Auto wieder. Mit einem niegelnagelneuen Motor. Auf Garantie. Kostenlos. Einfach so.

Na, wie ist das?

Ich sag dir, wie das ist: Ich würde mich schämen, das mit dem neuen Motor einfach so mitzunehmen und mir dann einen Audi R8 zu kaufen. Schämen würde ich mich! So wie die bei Porsche schaufeln, sollen die bitte auch scheffeln. Die haben für mein Treue gesorgt. Und treu zu sein ist ein schönes Gefühl. Ich kann's nur empfehlen!

Ganz unten

Positive Emotionen schenken. Wertschätzung zeigen. Sicherheit geben. Dazu musst du keine Automarke sein. Das kann jeder in jeder Branche und einfach mit den Mitteln, die du hast. Das Ganze ist eher eine Einstellungssache. Du musst aber kapieren, dass es dabei nicht um ein Gegengeschäft geht, sondern ums bedingungsfreie

Schenken. Dass es nicht darum geht, jemandem Honig um den Bart zu schmieren, sondern darum, jemanden wirklich, ehrlich, aufrichtig zu schätzen und einen Weg zu finden ihm das zu zeigen. Dass es nicht darum geht einfach nur kundenorientiert zu sein, sondern jemand zu sein, auf den du dich verlassen kannst. Insbesondere dann, wenn es mal ernst wird.

Ich habe in meinem Leben mit vielen Unternehmen und mit vielen Menschen zu tun gehabt. Und ich sag dir eins: Erst schaufeln, dann scheffeln, so banal das klingt und so gern das vielleicht mit einfacher Kundenorientierung verwechselt wird, in Wahrheit findest du das ganz selten. Und ab dem Moment, als ich es kapiert hatte, als ich nämlich nicht mehr gierig hinter meinem sofortigen Erfolg her war, als ich stattdessen verstanden hatte, was Schaufeln wirklich bedeutet, ab dann ging der Erfolg bei mir steil durch die Decke. Du musst es dir ja nicht von mir oder von Porsche abschauen, aber ich verrate dir: Keiner wird dich mehr auf dem Weg nach oben aufhalten, wenn du das Prinzip dahinter nicht nur verstanden, sondern verinnerlicht hast. Wenn du wirklich gelernt hast zu geben. Das heißt aber, dass du dein Ego ein Stück weit überwinden musst!

Vom Kopf her sind das eigentlich einfache Sachen. Ja, stimmt schon, Geld geben kannst du nur, wenn du Geld hast. Aber in Vorleistung gehen, das kann jeder. Auch wenn's nicht jeder in die Wiege gelegt bekommen hat.

Ich hab neulich einen sagen gehört: Martin, ich kenne niemanden, der ehrgeiziger ist als du. – Ja, das trifft schon zu, ehrgeizig bin ich sicher. Aber du musst das richtig verstehen: Damit ist nicht Ehrgeiz gemeint im Sinne von Unbedingt-haben-wollen!

Sondern: So wie andere auch in den Flöz runterfahren und Kohle abbauen, so musst du eben auch runter in den Flöz. Schaufel in die Hand! Sonst bekommst du keine Kohle! Dein Ehrgeiz muss sich auf deine Leistung beziehen, nicht auf die Belohnung, die aus der Leistung entspringt!

Das wird so oft falsch verstanden! Ich höre oft von meinen Kunden draußen diese ganzen Personalgeschichten. Und ab und zu erlebe ich selbst solche Vorstellungsgespräche. Da geht's dann um solche Fragen: Welchen Firmenwagen bekomme ich? Kann ich den Laptop auch privat benutzen? Wie hoch ist mein Festgehalt?

Die fahren dann heim und denken: Mann, Mann, bin ich aber ehrgeizig! Ich aber denke: Mann, Mann, habt ihr ein Anspruchsdenken! Da will doch schon wieder einer scheffeln, bevor er die Schaufel in die Hand genommen hat.

Genauso erlebe ich das auch in Clubs und Netzwerken: Die meisten gehen hin und überlegen sich: Hm, was bringt's mir? Wie gestalte ich den Tag auf dem Kongress, um möglichst viel rauszuholen? Wie stelle ich's an, dass sich der Tag für mich lohnt?

Die gehen auf die Jahresveranstaltung der größten deutschen Rednervereinigung, der German Speakers Association, und fragen mich vorher: Martin, du bist doch immer dort. Soll ich da auch hingehen? Was hab ich davon?

Liebe Leute, so funktioniert das nicht mit dem Netzwerken! Wer in einen Club geht, um Geschäfte zu machen, ist falsch! Die Frage, die ich habe, ist: Was gibst du dem Club? Was trägst du zu dem Kongress bei? Was gibst du deinem Netzwerk, bevor du nimmst?

Klar, du musst manchmal erst was haben, bevor du es geben kannst. Aber das rechtfertigt nicht die Anspruchshaltung der Habenichtse!

Wie schwierig es ist, in die Vorleistungsmentalität zu kommen und sich von ganz unten rauszuwühlen, weiß ich. Neulich durfte ich mich daran erinnern, als ich als Jobcoach fürs Fernsehen mit Hartz-IV-Empfängern gedreht habe.

Die Idee: Die Produktionsfirma lässt mich auf zwei Familien los, die am unteren Ende der Gesellschaft rumkrebsen. Ich, der Erfolgsmensch, soll denen helfen, auf die Füße zu kommen. Die Kamera ist immer dabei. Ich soll einfach machen. Daraus schneiden sie zwei Reportagen zusammen und senden die.

Ok. Ich komme also in diese Kleinstadt in Hessen. Er ist 39, arbeitslos. Sie ist 32, keine Ausbildung. Vier Kinder, die Kleinste zwei Jahre alt. Das ist alles, was ich weiß. Ich komme ins Treppenhaus: schmuddelig. Schuhe stehen überall rum. Alte Schränke stehen draußen. Fenster jahrelang nicht geputzt. Überall Zeugs, du kommst kaum zur Tür rein.

Ich komm in die Wohnung, die beiden sind da und völlig eingeschüchtert. Wohnungsbesichtigung. Kinderzimmer: die Wände beschmiert. Wohnzimmer: Chaos hoch zehn. Mittendrin ein Schreibtisch mit einem alten PC drauf. Küche: volle Aschenbecher. Überall Papiere verstreut. Für mich ein katastrophaler Anblick. Ich habe mich nicht getraut, mich irgendwo hinzusetzen. Ich geb's zu, mir hat's die Sprache verschlagen. Ich denke: Sieht's so auch in euch drin aus? Meine Fresse ...

Wir machen also erst mal ein Vorgespräch zum Kennenlernen: Seine Bildungskarriere umfasst einen abgebrochenen Hauptschulabschluss und eine abgebrochene Maurerlehre. Von der Arbeitsagentur aus war er bei der Müllabfuhr und im Bauhof. Aber die Maßnahme ist ohne Anschluss oder Ergebnis ausgelaufen. Im Heim ist er groß geworden, weil sein Vater ein Säufer war und ihn verprügelt hat. Ich suche nach Erfolgserlebnissen in seiner Biographie. Aber da ist nichts. Ich bin baff.

Sie macht auch gerade eine Maßnahme mit und arbeitet gerade in einer Kantine. Aber der Chef ist ein Arschloch, sagt sie. Wie lange sie schon dabei ist, will ich wissen. Zwei Tage. Aber der Chef ist ein Idiot. Na, super!

Von Zuhause ist sie rausgeflogen, weil sie ein Kind bekommen hatte. Ich hör mir alles an. Die Eltern sind natürlich schuld. Sie sagt, die negativen Erfahrungen mit ihren Eltern sind schuld daran, dass sie in die Opferrolle geraten ist. Und da kommt sie nicht mehr raus. Sie hat ihren Mut verloren, sagt sie.

Ich finde keinen Ansatzpunkt und rede weiter mit ihnen. Keyboard spielt er. Er zeigt mir sein Instrument, ein einfaches Teil. Er programmiert Musik und stellt sie ins Internet. Ok, das ist doch was!

Warum gibst du keinen Unterricht, will ich wissen. Er sagt: »Geht nicht. Das Keybord ist zu schlecht.« Ich: »Wer sagt das?« Er zuckt mit den Schultern.

Die vollen Aschenbecher, die auf dem Tisch stehen, irritieren mich total. Da essen doch die Kinder, oder? Sie nickt.

Sie würde doch ab und zu als Putzfrau jobben, frage ich. Ja, das stimmt, sagt sie.

Aber dann weißt du doch wie's geht. Ist doch schade, dass du nicht zuhause putzt.

Ob ich finde, dass es hier nicht sauber sei, fragt sie beleidigt.

Oh, Mann. Ich rede zwei Stunden mit denen und habe noch immer keine Ahnung, was ich mit denen machen soll. Wie kriege ich die?

Ich gehe spazieren, um mehr zu erfahren. Erst mir ihr, dann mit ihm.

Er erzählt mir, wie sein Vater ihm den Kopf auf die Tischplatte geschlagen hat. Mir läuft's kalt den Rücken runter.

Ich weiß, dass ich die beiden nicht verschrecken darf. Aber ich muss trotzdem Tacheles reden. Ich frage mich, wie ich das dosieren soll. Wie klar darf ich sein, ohne dass die mich rauswerfen? Dann habe ich eine Idee.

Wieder zurück in der Wohnung sage ich zu beiden: »Mal angenommen, wir sind zwanzig Jahre weiter und ich sitze hier bei euren Kindern. Denen geht's wie euch. Was werden die sagen: Wer ist verantwortlich für die ganze Scheiße?«

Pause. Dann sagt sie: »Die werden sagen, ihre Eltern sind schuld.«

»Genau! Und wollt ihr das?«

Jetzt sind sie kleinlaut. Nein, das wollen sie natürlich nicht. Die Vorstellung setzt ihnen ganz schön zu.

Ich sage: »Wollt ihr das ab heute ändern?«

Beide antworten sofort: »Ja!« Und schauen mich an.

Leuchten in den Augen

Zuerst rückte ich ihr den Kopf zurecht: »Ok, dein Chef ist vielleicht ein Arschloch. Das heißt für dich: Die Faust in der Tasche machen. Klappe halten. Denk dir: Arschloch. Aber mach, was er sagt. Ist völlig egal, wie der Chef ist, es ist deine Chance auf eine Lehre. Lehrjahre sind keine Herrenjahre. Mach das trotzdem! Ok?«

Dann nahm ich mir ihn vor: »Jetzt mal im Ernst. Was willste machen?«

Wir kamen auf Lager oder Gartenbau. Na, also. Jetzt wird's realistisch. Ich zeigte ihm, wie das geht, einen Job bekommen. Das hatte ihm vorher noch nie einer gezeigt. So geht das: Du suchst die Firma im Internet raus. So. Du wählst die Nummer. So. Du sagst zuerst deinen Namen. Vorname und Nachname. So. Du fragst: »Suchen Sie einen motivierten, engagierten Gartenbauer?« – Einfache Sätze. So. Vorher üben. Lauter sprechen. Deutlicher. So. Dann erklärte ich ihm, wie das mit dem Vorstellen läuft.

Ich habe sie mit allen Mitteln motiviert, die ich hatte. Im richtigen Urlaub waren sie ihr ganzes Leben noch nicht gewesen. Ich überlegte zusammen mit dem Fernsehteam, was für die ein Highlight sein könnte, für das sie sich anstrengen. In der Nähe gibt es so ein Ausflugsziel mit Erlebnispark und Streichelzoo für die Kinder. 18 Euro Eintritt pro Nase, weit außerhalb ihrer Möglichkeiten. Also sagte ich den beiden: »Wir schenken euch allen einen Ausflugstag, wenn ihr's durchzieht bis zum nächsten Termin, an dem ich vorbeikomme.

Ihr räumt die Bude auf und macht sauber. Du machst, was dein Chef sagt und hältst durch. Und du suchst dir einen Job. Wenn's klappt, machen wir zusammen einen Ausflug.«

Was ich sah: Leuchten in den Augen!

Als ich nach dem ersten Drehtag heimfuhr, rief ich meine Freundin an. Und heulte. Unter Tränen erzählte ich ihr von den Leuten, die ich kennengelernt hatte. Die hatten total die Hoffnung verloren. Die hatten niemand, der ihnen wohlwollend irgendetwas erklärte. Überall haben sie nur gespiegelt bekommen: Ihr seid nichts wert. Und trotzdem haben sie zusammengehalten. Ein gutes Paar! Er hatte noch nie im Leben irgendwas hinbekommen. Jedenfalls fühlte er sich so. Aber trotzdem hat sie weiter an ihn geglaubt. Das ist stark! Und mit den Kindern sind sie toll umgegangen. Da ist Familiengeist. Das sind gute Eltern. Wo haben die das nur her? Respekt!

Diese Erfahrung hat mir klar gemacht, was für ein Glück ich im Leben hatte. Mir hat mein Freund in Amerika mit der Schneeschaufel gezeigt, wie das Leben funktioniert. Ich bin ihm so dankbar! Ich bin so dankbar für mein Elternhaus. So dankbar, dass sie für mich die richtigen Weichen gestellt haben. So dankbar, dass sie immer für mich da waren, egal, was ich für einen Scheiß gebaut hatte.

Auch ich hatte zuerst nicht verstanden, dass ich mein Leben selber in die Hand nehmen muss, dass das keiner für mich macht. Ich hatte einfach nur wahnsinniges Glück, dass ich in Amerika die ersten Leuchttürme gefunden hatte, an denen ich mich ausrichten konnte. Glück, dass ich in meinem Leben fleißige Menschen getroffen habe, meine Eltern, Unternehmer, Kollegen, Verkäufer, Chefs, die mir an ihrem Beispiel gezeigt haben, wie der Hase läuft.

Ich saß in meinem 911er Cabrio, fuhr heim, die Tränen liefen mir übers Gesicht und ich stammelte nur ins Telefon: »Ich bin so dankbar!«

Willkommen in der Realität!

Als ich wieder zu ihnen kam, waren die beiden wie ausgewechselt. Die Bude war aufgeräumt. Super! Er stand viel aufrechter da und strahlte: Er hatte einen Job! In einer Handelskette war ein Lagerarbeiter gesucht worden, er hatte sich die Stelle geschnappt. Großartig! Damit war er von 140 Euro auf 850 Euro Einkommen hoch gekommen. Wenn du dein Einkommen in wenigen Tagen versechsfachst – das macht was mit dir!

Ich freute mir einen Ast für die beiden. Ich nahm sie in den Arm und drückte sie. Jetzt wollten wir feiern!

Aber dann kam die Überraschung: Er hatte keinen Führerschein. Sie hatte auch keinen. Klar, sie hatten auch kein Auto. Und darum hatten sie auch keine Kindersitze. Wir überlegten: Ok, der Kameramann hat noch ein bisschen Platz im Auto und der Tonmann ist auch noch da, wir müssten alle eingeladen bekommen. Und wegen den Kindersitzen fragt ihr halt eure Nachbarn oder Freunde und leiht welche aus. – Aber da war niemand, bei dem man einfach mal Kindersitze ausleihen konnte. Ich konnte mir das gar nicht vorstellen, aber die wussten sich nicht zu helfen, weil sie null komma null Umfeld aufgebaut hatten. Wenn ich einen Klempner brauche, habe ich einen Kumpel, der Klempner ist oder einen kennt, und ein paar Minuten später habe ich einen Klempner am Ohr. Aber das hier war eine andere Welt.

Gut, dann kaufen wir eben drei Kindersitze. Der Produktionsleiter wollte telefonieren, ob das im Budget sei. Ich wurde langsam ärgerlich: Scheiße, wegen drei Kindersitzen, dann kauf ich sie halt! – Willkommen in der Realität …

Am Ende war das doch noch im Budget enthalten und sie kamen endlich los. Es wurde ein schöner Tag und ein Riesenerlebnis, vor allem für die Kinder.

Natürlich ging die Geschichte noch weiter. Es gab Schwierigkeiten, er erschien dann mal nicht zur Arbeit und verlor seinen Job. Die Kinder wurden krank. Dann fand er einen neuen Job. Es gab Rückschläge. Aber alles in allem ging es aufwärts. Ich hielt den Kontakt, weil ich dieser Familie einfach nur von Herzen wünsche, dass sie es schaffen, sich selbst über Wasser zu halten. Ohne Stütze. Ich hoffe es für ihre Kinder. Und ich traue es ihnen zu, die Ressourcen sind da. Erst vor kurzem erzählte sie mir über Facebook, dass auch sie jetzt eine Lehrstelle gefunden hat. Daumen hoch!

Bei dem anderen Hartzer, den ich für die Sendung coachen sollte, lief es anders. Auch bei dem habe ich alles probiert. Am Anfang hat der auch ordentlich mitgemacht. Das sah gar nicht schlecht aus. Aber alles, was wir angefangen haben, ließ er irgendwann aus den Händen gleiten. Er konnte überhaupt nichts durchhalten. Weder bei der Jobsuche noch beim Sport. Ich dachte, dass körperliche Bewegung ihm Energie geben könnte, aber auch das klappte nicht. Er wirkte, als ob ihn alles nur quälen würde. Das ist einer, der immer aufgibt, weil er kein Ziel als seines annimmt. Ich habe jedenfalls nichts gefunden, was ihn motiviert. Bei der ersten Familie habe ich den Dreh gefunden: Für die Kinder waren sie bereit sich anzustrengen. Bei dem zweiten habe ich den Dreh nicht gefunden.

Vielleicht ist der ja auch schon so kaputt, dass es für ihn nichts mehr gibt im Leben, für das er bereit ist, über seinen Schatten zu springen. Vielleicht bin ich aber auch einfach an die Grenzen meiner Fähigkeiten gestoßen bei ihm.

Die ganze Jobcoaching-Fernsehgeschichte war eine sehr schöne Sache. Auch wenn es kein Quotenrenner geworden ist, habe ich zumindest einer Familie ein Stück aus dem Quark helfen können. Alleine dafür hat sich's gelohnt. Vielleicht hat die Sendung auch andere motiviert, ihren Hintern hochzukriegen und ihr Leben ein kleines bisschen mehr in die Hand zu nehmen – und sich ein kleines bisschen mehr von Vater Staat zu emanzipieren. Das würde mich wahnsinnig freuen.

Und: Ich habe viel gelernt. Brutal viel gelernt über mich und mein Leben. Ich habe kapiert: Du kannst die Größe, die in den Menschen steckt, nicht von außen erkennen. Du kannst sie nicht an der sozialen Schicht festmachen, du kannst sie nicht an der Gesetzestreue oder der Moral oder der Bildung festmachen.

Dieser merkwürdige Job hat mir geholfen, alles besser einzuordnen. Es hat mich wieder mal ein Stück weit geerdet. Ich habe mir danach die Frage gestellt: Was ist es denn eigentlich, was dich antreibt? Früher war's das Gewinnen, dann die Kohle. Was ist es heute?

Wenn mir heute einer sagt: Limbeck, Sie haben's gut. Sie sind erfolgreich. Dann weiß ich, dieser Mensch hat weniger kapiert als die Familie in der Kleinstadt in Hessen, die ich gecoacht habe. Ich bin Legastheniker und bin trotzdem Bestsellerautor geworden. Ich hatte einst negative Glaubenssätze und bin heute einer, der auch andere motivieren kann. Ich hatte früher einen Hang zum Negativen und bin heute ein leuchtender Optimist. Zu mir sagten die Leute früher: Du schaffst das sowieso nicht. Du bist halt dick. Du bist halt ein Loser. – Heute sagen sie: Na, Limbeck, Ihnen geht's ja gut. So einen Dusel wie Sie hätte ich auch gern.

Ich sage dir: Wenn du erkannt hast, dass eine Schaufel dein Leben verändern kann, dann relativiert sich vieles von dem Geschwätz. Ich wünsche dir, dass dir jemand das Schaufeln zeigt. Und dass du dann anderen das Schaufeln zeigen kannst …

Kumpel kaufen sich nicht!

Geben heißt aber nicht seine Seele verkaufen. Schaufeln heißt nicht schleimen oder kratzbuckeln. Es gibt Situationen im Leben, da brauchst du einen gewissen Stolz. Den spürte ich neulich beim Networking bei unserem Königsteiner Edel-Italiener.

Der Wirt brachte mich mit einer unserer Lokalgrößen zusammen und machte uns bekannt: Der Mann ist ein bekannter Industrieller. Er hat einen Lamborghini und ein Haus in Italien und ein Appartment in Manhattan. Es scheint zu laufen bei ihm. Ok, wir sitzen zusammen und tauschen uns aus. Es ging darum, dass wir auf passende Weise ins Geschäft kommen.

Als ich den anschließend mal anrief, um konkreter zu werden, konnte er nicht telefonieren, weil er gerade in Italien war. Das nächste Mal konnte er aus einem anderen Grund nicht. Und das dritte Mal ließ er mich wieder abtropfen.

Gut was soll's. Aber dann ergab sich eine Gelegenheit bei einer privaten Einladung bei Freunden von mir. Er war auch da. Nur war kein Gespräch möglich, weil er den ganzen Abend damit beschäftigt war, zu repräsentieren. Er ließ seinen Erfolg raushängen und spielte den obersten Affen auf dem Berg. Er wirkte auf mich mega arrogant. Na gut, dachte ich. Wer nicht will, der hat schon.

Kurz darauf sitze ich mal wieder bei unserem Italiener und plaudere mit einem Pärchen. Der Wirt setzt sich zu uns. Wir kommen auf den Industriellen zu sprechen. Ich sage zu meinem Italiener: »Du, nicht bös gemeint. Aber der Typ ist ein Vollpfosten.« – Ich erkläre ihm auch, wieso.

Ein paar Wochen später sitze ich mittags wieder dort, diesmal mit einem Kunden beim Arbeitsessen. Mein Wirt kommt und sagt: »Komm mal mit. Ich habe mit ihm gesprochen. Der hat gesagt, du musst das anders machen. Wenn du willst jemand kennenlernen, du kaufst Flasche Barolo. Dann setzt du dich rüber zu ihm. Dann redet er auch mit dir, hat er gesagt. So machst du das.«

Ich sagte zu ihm: »Nein! So mach ich das bestimmt nicht. Im Leben nicht! Was ist denn das für eine Art? Ich muss eine Flasche kaufen, damit der mit mir reden will? Ich kann nicht einfach mit meinem Glas rübergehen und ein Gespräch führen? Ne, Freunde. Ich bin doch nicht Karl Arsch!«

Ich blieb sitzen und der Typ konnte mir gestohlen bleiben. Ich muss mich doch nicht bei dem anbiedern! Und wenn ich den Kitt aus den Fenstern fressen müsste, ich würd's trotzdem nicht tun!

Natürlich, jeder prostituiert sich im Geschäftsleben ein Stück weit, das ist normal. Das geht nicht anders. Aber es gibt Grenzen. Schau, wenn ich rausfinde, dass der gerne Barolo trinkt, dann mache ich ihm vielleicht sogar gerne eine Freude und schenke ihm eine schöne Flasche. Das ist nicht der Punkt. Aber du kannst doch nicht Hof halten und Regeln aufstellen, auf welche Weise sich der Untertan nähern darf, am besten auf Knien und mit hochgehaltener Weinflasche, oder was? Nein, es gibt einen feinen Unterschied zwischen Reziprozität und sich andienen. Ich habe mir da eine Bergmannsmentalität bewahrt: Kumpel kaufen sich nicht! Und wenn du mich kaufen willst, bist du kein Kumpel.

Schaufeln ist Stolz! Nicht Arschkriechen.

7. Einmal Hausmeister, immer Hausmeister

Das Leben ist eine Universität. Die harte Mühle durch die du dabei gehst, wenn du lebst, lernst und deine Lebensprüfungen ablegst, zwingt dich zuerst dazu, das zu tun, was du tun musst. Dann bringt sie dich dazu, das zu tun, was du tun willst. Und am Ende hast du die Wahl, das zu tun, was du tun sollst.

Als ich mich aus der Enge meiner frühen Jahre befreit hatte, war ich auf der Suche nach meiner Identität: Martin Limbeck – wer ist das eigentlich? Damals definierte ich mich über das Gewinnen. Die Nummer eins sein. Mein Name ist Umsatz, mir gehört die Straße. Ich merkte gar nicht, wie ich aneckte. War mir total egal. Ich machte mein Ding. Und wer sich mir in den Weg stellte, den machte ich platt. Damals habe ich Teilnehmer in meinen Seminaren geopfert, um Lacher zu ernten.

Dann verstand ich nach und nach, wie das Business funktioniert und räumte ab. Ich suchte nach Sicherheit, nach meiner finanziellen Unabhängigkeit. Ich wurde wohlhabend und definierte mich über das Materielle: Haste was, dann biste was. Das war die Zeit, als ich mich als der Hardselling-Experte professionell positionierte und meinen Erfolg systematisch aufbaute. Ich hatte tolle Berater, die mir dabei halfen. Alleine hätte ich das nicht geschafft.

Einer der ganz großen im Business sagte damals zu mir: Martin, deine Positionierung ist klasse. Aber das musst du auch aushalten können!

Ich hängte alle ab und setzte mich im deutschsprachigen Raum beim Thema Verkaufen an die Spitze. Proportional zu meinem Erfolg steigerten sich die Widerstände. Die Steine wurden größer, die mir Konkurrenten, Neider und Widersacher in den Weg legten. Ich spürte kräftig Gegenwind – was mich dazu motivierte, meine Anstrengungen zu verdoppeln.

In dieser Zeit war ich nicht locker. Ich wollte den Erfolg mit Gewalt. Mit der Brechstange. Ich wollte alles zwingen. Dementsprechend fühlte sich mein Leben an wie ein Kampf.

Damals machte ich mich hart gegen viele Menschen in meiner Umgebung. Und entsprechend hart begegneten mir viele. Manchmal bekam ich mehr Fett ab, als ich abkonnte. Ich habe mich bisweilen schon gefragt, ob ich den Druck, den ich mir selbst gemacht hatte, überhaupt noch aushalten kann.

Denn unter der polierten, harten Hardseller-Oberfläche war eben doch auch ein weicher, verletzlicher Kern. Eine treue Seele, die sagt: Hey, hab mich doch lieb. Ich bin doch ein Guter.

Aber nach außen ätzte ich: Scheiß auf deine Meinung. Das einzige ehrliche Feedback ist die Gewinnrechnung meiner Firma.

Ich hatte selbst dafür gesorgt, dass mir viele Leute den menschlichen Kern absprachen. Ich wirkte wie ein harter Hund. Und so wurde ich behandelt. Auch das ist Reziprozität. Aber glücklich machte mich das nicht.

Und heute? Bis heute hat sich viel verändert. Ich bin nicht mehr auf der Suche nach mir selbst wie zu Beginn. Mein Bruder sagte mal zu mir: Komm, hör endlich auf mit dem Stress und lebe einfach. Er ist nicht nur mein Bruder, sondern auch Psychologe. Da sollte ich hinhören, einverstanden?

Ich bin auch nicht mehr nur hinter der Kohle her. Natürlich sorge ich für mich, die Meinen und unsere Zukunft auch in materieller Hinsicht. Ich kenne den Wert meiner Arbeit und habe genügend Selbstbewusstsein, meinen Preis am Markt durchzusetzen. Aber ich definiere mich nicht mehr nur über meinen Tagessatz.

Auf der Suche bin ich immer noch. Das ist aber mehr eine Sinnsuche. Ich frage mich, was ich geben kann, was ich zurückgeben kann. Wie ich Leute unterstützen kann, die das Herz am rechten Fleck haben. Mir liegt am Herzen, mein Know-how über das Thema Verkaufen weiterzugeben und die Verkäufer gerechten Stolz zu lehren: Verkäufer ist ein ehrenwerter, ein grundlegender und unverzichtbarer Beruf, ohne den es keine Wirtschaft, keinen Wohlstand und keine Weiterentwicklung gibt. Dafür ein Bewusstsein zu schaffen, ist eine meiner Aufgaben.

Was mich vor allem anderen antreibt und was mich bewegt, sind die direkten Rückmeldungen, die ich heute auf meine Arbeit bekomme. Von Lesern, von Teilnehmern meiner Seminare und aus dem Publikum meiner Vorträge. Die haben sich in den letzten Jahren völlig verändert. Einmal sagte einer zu mir: Limbeck, Mensch, ich hab Sie vor 15 Jahren erlebt. Sie haben sich ja vom Saulus zum Paulus entwickelt. – Dass ich diese ganzen Rückmeldungen heute bekomme, persönlich, per Mail, auf Facebook, Amazon, Twitter, Xing und so weiter, dafür hat sich der ganze Weg gelohnt.

Wie geil ist das denn!

Neulich war ich von einem Vertriebsvorstand eingeladen zu einer Führungsrunde: Die Regionalleiter und die Niederlassungleiter waren da zum großen Meeting. Ich hatte den Vertrieb trainiert und jetzt ging es unter anderem darum, ein Fazit zu ziehen und zu überlegen, wie wir weiter zusammenarbeiten. Das heißt: An dem Tag bekam ich sozusagen das Zeugnis ausgestellt.

Der Vorstand sagte mir dreimal, ich soll ja nicht zu spät kommen, sonst ist die Tür zu. Da hatte er auch recht, denn solche großen Meetings sind mit das teuerste, was es in einem Unternehmen gibt: Jede Minute musst du mit der Anzahl der Teilnehmer und deren Verrechnungssatz multiplizieren. Da kommst du auf Summen, die du nicht anschauen kannst, ohne Augentinnitus zu bekommen.

Die Situation wurde für mich reichlich peinlich. Im Seminar predige ich ja selbst, dass du als Verkäufer niemals zu spät kommen darfst. Und was passiert mir, dem Trainer, an diesem Morgen, ausgerechnet vor diesem wichtigen Termin? Ich vergesse mein Portemonnaie! Und dann stehe ich an der Tanke, halte den Rüssel rein und denke: Scheiße, wo sind meine Kreditkarten? Ich musste schnell ins Büro, um Geld zu holen und mich an der Tanke loszueisen. Natürlich war ich zu spät dran. Um 9:03 stolperte ich völlig abgehetzt in den großen Konferenzraum.

»Na, Herr Limbeck? Wir haben schon mal ohne Sie angefangen … «

Da saßen sie alle, die Vorstände, Berater, Profis, Altgedienten, und schauten mich an. Viele Akademiker natürlich, einige mit Doktortitel und allem Pipapo, auch einige mit Werdegängen wie ich, von unten steil nach oben. Ich wusste, dass meine Performance gut gewesen war, aber wenn es darum geht, ob ich weiter im Geschäft bin, zählt ja nicht meine Meinung, sondern die meiner Kunden.

Ich hatte nach meinem Traumstart ins Meeting gleich den ersten Part: Fazit aus meiner Sicht. Wo das Team meiner Ansicht nach schwächere Stärken und stärkere Stärken hat. Was ich vorschlage.

Dann ging's andersrum: Offenes Feedback aus der Runde aller Anwesenden. Vier Leute melden sich. Der Erfolgreichste von allen, der drei Jahre hintereinander mit seiner Niederlassung die besten Zahlen geholt hatte, machte den Anfang: Er ist ja skeptisch gewesen von Anfang an …

An der Stelle dachte ich kurz: Jetzt kriege ich einen Tiefschlag verpasst.

… aber er muss sagen, das Training ist bei seiner Mannschaft super angekommen und auch er selbst ist sehr gerne mit dabei gewesen. – Wow! Das war die größte Klippe.

Der Zweite meldet sich: Herr Limbeck, Ihre Persönlichkeit … sensationell. Ich nehme da für mich ganz persönlich jede Menge mit. Hat mir in meinem Leben einen wichtigen Impuls gegeben. Ich bin begeistert.

Der Dritte: Er muss zugeben, dass er am Anfang nicht so viel mit mir anfangen konnte. Weil: Kopierer verkaufen hat ja mit ihrer hochwertigen Dienstleistung nicht so viel zu tun. Hat echte Bedenken gehabt. Ist aber positiv überrascht. Er hat von mir jede Menge gelernt.

Der Vierte: Herr Limbeck, ich profitiere sehr viel von Ihnen. Ich habe viel davon umgesetzt, was ich bei Ihnen gelernt habe. Ich habe meine komplette Arbeitsorganisation umgestellt.

Neben mir saß der Finanzvorstand. Als das Meeting weiterging, beugte er sich zu mir rüber und gab mir ein dickes Kompliment: Sie hätten ja schon viele Trainer da gehabt, aber ein solches Feedback, dass einer das Leben und die Arbeit der Leute so beeinflusst hat, habe er noch nie gehört. Gratulation!

Ich wurde dann verabschiedet, die Sitzung ging ohne mich weiter. Beim Rausgehen gab mir der Vorstand noch eine mit, als Anspielung auf mein Zuspätkommen. Schmunzelnd sagte er: »Ach, und Limbeck: Legen Sie sich wieder hin!«

Guter Typ! Bevor ich ging, bat ich den Caterer, eine Runde Sekt für alle auf meine Kosten auszuschenken. Ich war happy!

Wellenreiten

Ich erzähle dir das nicht, um anzugeben oder dir zu demonstrieren, wie toll mich alle finden. Das hätte ich früher vielleicht gemacht. Mir geht's jetzt um ein paar andere Punkte. Stell dir doch mal vor, wie es für mich ist, so ein Feedback zu bekommen. Mir ist klar, du kannst mit bloßem Verkaufs-Know-how diese abgezockten Profis nicht abholen. Ich hätte das früher nicht gekonnt. Nicht wegen meinen verkäuferischen Fähigkeiten. Sondern weil ich heute völlig anders auftrete. Meine Einstellung hat sich verändert.

Ich bin immer noch nicht der Weichei-Schulterklopf-Trainer. Aber ich haue heute niemanden mehr in die Pfanne, ich bin viel positiver und konstruktiver geworden. Das schätzen die Menschen bei all meiner Klarheit. Ich halte ihnen immer noch den Spiegel vor, aber heute im Guten, um ihnen zu helfen, sich selbst zu entwickeln. Ich gehe nicht ins Training, um zu gewinnen. Und darum bekomme ich auch nicht mehr diesen Gegenwind, der früher normal war. Stattdessen bekomme ich Wärme, Wertschätzung, Anerkennung. Und wenn ich einen Fehler mache, wird der nicht postwendend ausgenutzt, sondern es wird ein Scherz daraus gemacht.

Es ist noch gar nicht lange so, aber ich habe kapiert: Mein Leben ist kein Kampf mehr. Darum kämpfen auch die Akademiker, die harten Hunde und die Typen meines Schlages nicht mehr mit mir. Das Posieren, Imponieren, Affektieren hat aufgehört. Wir kloppen uns nicht mehr auf dem Affenberg, sondern meine Position im Seminar ist unangefochten. Ich muss niemandem mehr irgendwas beweisen.

Und siehe da: Viele der Vorstände sind richtig klasse Jungs. Ich begegne immer mehr Chefs von der Nadelstreifen-Gattung, die ich mag, die mir sympathisch sind. Ich sehe, die machen zum Teil einen grandiosen Job.

Warum hat sich das verändert? Warum werden die guten Typen in der Chefetage zahlreicher? Na, die sind immer noch genauso wie früher. Ich bin es, der sich verändert hat! Ich habe Respekt vor ihnen gelernt. Und das kann ich heute, weil ich gelernt habe, mich selbst mehr zu respektieren.

So ist das heute.

Aber gleichzeitig höre ich immer noch: Limbeck, das ist doch dieser Hardselling-Experte. Der ist knallhart, der geht über Leichen. Wenn du mal ein Image hast, dann ist das schwer zu ändern. Einmal Hausmeister, immer Hausmeister. Es dauert lange, bis da draußen ankommt, wohin du dich entwickelt hast.

Da geht's mir wie Dieter Hallervorden. Für die meisten ist er noch immer Didi, die Ulknudel, obwohl das nur eine Rolle war, die er seit Jahrzehnten nicht mehr spielt. Dass er ein akribisch arbeitender Theaterdirektor ist und ein grandioser, ernsthafter Schauspieler, das haben ihm viele Leute, vor allem die Presse, hartnäckig abgesprochen. Ich stelle mir so was frustrierend vor. Umso mehr freue ich mich für ihn, dass er mit Ende Siebzig mit seiner umwerfenden Hauptrolle als gealterter Marathon-Olympiasieger im Film »Sein letztes Rennen« nochmal groß abgeräumt und fantastische Kritiken bekommen hat. Jetzt endlich nehmen ihn alle für voll!

Vielleicht wünsche ich mir auch so was Ähnliches, einen Wandel in der Wahrnehmung der Leute. Und dann denke ich wieder: Martin, du machst dir einfach viel zu viele Gedanken darüber, was andere über dich denken. Denk doch lieber an deinen eigenen Leitsatz:

Everybody's darling is everybody's fool. Allen recht getan, ist eine Kunst, die keiner beherrscht. Und wozu einen anderen ändern, wo er doch schon anders ist?

Wenn ich an mein Haus anbaue, liege ich auch heute noch drei Tage wach und mach mir in die Hose, was die Nachbarn sagen könnten. Darf ein Junge aus dem Ruhrpott so ein Haus haben? Das ist hirnrissig. Ich darf machen, was ich will. Aber es ist eben so: Ich bin noch mittendrin auf meinem Weg nach oben, ich bin definitiv noch nicht irgendwo angekommen.

Ich halte auch immer noch am Geld fest. Ich bin fast fünfzig und denke ab und zu nachts: Mann, das Alter rollt auf dich zu, du musst noch was tun, um finanziell sicher zu sein. Ich mach mir nach wie vor Druck und fühle mich nach wie vor nicht sicher.

Dafür habe ich was anderes gelernt: Es geht im Leben überhaupt nicht darum, irgendwann sicher zu sein. Du kannst nämlich prinzipiell keinen äußeren Zustand herstellen, der dir mehr als Scheinsicherheit gibt.

Wenn du einen Kunden hast, hast du überhaupt keinen Kunden! Du hast vielleicht einen Auftrag, aber auch nur den einen für den Moment. Ob du einen Folgeauftrag bekommst, ist nie sicher. Du musst jedes Mal auf's Neue schaufeln, um dranzubleiben. Das geht vom einen Tag auf den anderen und du bist den Umsatz los.

Wenn du einen Arbeitsvertrag hast, dann hast du deine Arbeit nicht sicher, nicht auf Dauer, sondern nur scheinbar und nur für den Moment. Wenn du glaubst, du bist nach der Probezeit in Sicherheit, wenn du auf den Kündigungsschutz verweist – Augenwischerei! Glaub mir, wenn der Boss der Meinung ist, dass du auf Dauer mehr kostest als du bringst, dann wirst du gehen, Vertrag hin oder her ... und das ist auch fair so!

Im Vortrag frage ich manchmal einen aus dem Publikum: Wo ist Ihre Frau gerade? – Zuhause.

Sicher? – Dann zögern sie immer … das Publikum lacht. – Ja, sicher, sagt er dann.

Und wer ist noch da?

Die Leute finden das lustig. Der Mann meistens auch, aber das Lachen ist ein bisschen vergiftet. Die Wahrheit ist nämlich: Überhaupt nichts ist sicher. Schon gleich dreimal nicht in der Partnerschaft. Ob du nun verheiratet bist oder nicht.

Es geht im Leben nicht darum, das sichere Ufer irgendwann zu erreichen. Und schon gar nicht geht's darum, dir selber vorzumachen, du wärst sicher. Das ist das Schlimmste. Nein, es geht darum, die Unsicherheit zu surfen und dabei auf dem Brett zu bleiben.

Drangeblieben

Die Sache hat aber auch noch eine andere Seite: Wenn nichts sicher ist, wenn du immer noch verlieren kannst, auch auf den letzten Metern, wenn du glaubst, du bist eigentlich schon im Ziel … dann kannst du die ganze Sache auch andersrum denken: Du kannst immer noch was gewinnen, auch wenn die Situation vielleicht aussieht, als hättest du schon verloren.

Und das ist eine echte Erkenntnis, die mir einen Riesenvorsprung im Leben gegeben hat. Eine Geschichte dazu:

Ich mache einen Vortrag in einer großartigen Location im alten Heizkraftwerk in Rottweil zwischen Schwäbischer Alb und Schwarzwald. Ein Geschäftsstellenleiter eines großen Konzerns ist begeistert und kommt nach dem Vortrag zu mir an den Tisch, wo ich Bücher signiere. Er bräuchte mich für sein Team. Ich solle ihm ein Angebot machen.

Super, denke ich, den Konzern hatte ich noch nicht als Kunden. Ich schicke also am nächsten Tag das Angebot. Die Sache zieht sich ewig hin, läuft gleich mehrmals durch meine Wiedervorlage. Irgendwann kommt die Absage.

Hm. Das ist schade. Du musst eben auch Niederlagen einstecken … Moment. Was muss ich? Soweit kommt's! Im Niederlagen einstecken bin ich ganz, ganz weit hinten. Ich denke mir: Nicht gekauft haben die doch schon! Ich bleib dran!

Als Nächstes bekomme ich die Info, dass ich zum Kick-off im nächsten Jahr nochmal ein Angebot reingeben soll. Super, denke ich, jetzt wird's doch was. Es ging um vier Auftritte an vier Standorten. Und weil ich den Kunden unbedingt haben wollte, dachte ich mir was Passendes aus für die. Mit dem Preis runtergehen, das kannst du nicht machen. Denn wenn du das einmal machst, bekommst du ihn nie, nie, nie wieder hoch. Und dann spricht sich das noch rum und deine anderen Kunden fangen auch noch an, deinen Preis in Frage zu stellen. Das fällt dir auf die Füße. Also: Dein Preis ist in Stein gemeißelt, hörst du? Das darfst du dir merken!

Wenn ich also am Preis nichts mache, dann kann ich aber trotzdem die Leistung erhöhen. Ich biete denen an: vormittags einen Workshop Empfehlungsmarketing und nachmittags den Vortrag. Oder umgekehrt. Zum vollen Tagessatz, versteht sich. Denn ich koste immer das Gleiche, ob du mich für fünf Minuten buchst oder für einen ganzen Tag.

Mein Ansprechpartner, der für die Trainings verantwortlich ist, zeigt sich begeistert. Klasse, muss es dem Chef vorstellen. Hm, ich denke schon: Mist, hast nicht mit dem Entscheider gesprochen, sondern nur mit dem Torwächter …

Es zieht sich, ich rufe ihn an. Die Sache liegt beim Vorstand. Er geht immer noch fest von einer Zusage aus, aber er hakt noch mal nach. Aber er fragt schon, ob ich an dem und dem Tag im Oktober noch Platz im Kalender habe …

Ein Tag später kommt die Absage.

Ich denke: schade. Du musst halt auch verlieren kö … NEIN! Eben nicht. N.E.I.N. heißt nur: Noch ein Impuls notwendig. Also rufe ich an und gehe der Sache auf den Grund. Ich erfahre: Dem Vorstand war der Preis zu hoch. Das gibt's doch nicht!

Ich rufe meinen Verbündeten an, den Geschäftsstellenleiter. Ich erzähl dem die Geschichte: Die haben das nicht verstanden. Ich biete denen doch doppelte Leistung fürs Geld an. Workshop plus Vortrag. Jeder für sich alleine kostet meinen vollen Tagessatz, wenn du es einzeln buchst – und ich biete denen das für nur einen Preis an einem Tag an. Die haben das nicht verstanden, der Mann hat das bestimmt nicht richtig rübergebracht!

Gut, der Geschäftsstellenleiter sagt, er hat den Vorstand gerade bei sich in der Niederlassung, er redet mit ihm. Am nächsten Tag bekomme ich seinen Anruf: Der Vorstand hatte es wirklich nicht verstanden. Mein Ansprechpartner hat es wirklich nicht richtig erklärt. Der wird sich nachher bei mir melden und mir den Auftrag bestätigen.

Tatsächlich klingelt keine Stunde später mein Handy: Mein Ansprechpartner ist dran und freut sich wie ein Schneekönig, dass er es doch noch hinbekommen hat, wie er sagt. Er erzählt, er hat nicht locker gelassen und doch noch den Auftrag beim Vorstand durchbekommen.

Ich gratuliere ihm herzlich.

Wenn andere den Kopf in den Sand stecken, kannst du einfach dranbleiben. Denn ein Auftrag ist erst dann verloren, wenn ein anderer die Unterschrift hat. Und so ist das auch mit allem anderen. Wenn nichts im Leben sicher ist, dann heißt das nichts anderes als: Du kannst alles beeinflussen.

Wenn du das verstanden hast, dann siehst du plötzlich, dass alles in deinem Leben deine Handschrift trägt.

Entspann dich!

Das heißt aber nicht, dass alles möglich ist und dass du alles schaffen kannst! Das wäre nur das handelsübliche Motivationstrainergeschwätz. Früher habe ich das falsch interpretiert und gedacht, ich müsste alles im Leben erzwingen.

Als meine Ehe dabei war, schiefzulaufen, fuhr ich Goldschmuck und edle Geschenke auf vom Allerfeinsten. Natürlich half es überhaupt nichts, weil du mit materiellen Werten eine verletzte Seele nicht heilen kannst. Aber ich hatte das bei meinen Eltern gesehen: Mein Vater machte meiner Mutter immer schöne Geschenke. Also dachte ich: Die sind ja auch noch zusammen, also scheint es zu helfen. Wie idiotisch ist das denn! Dass mein Vater das unter ganz anderen Voraussetzungen und mit ganz anderen Motiven gemacht hatte, verstand ich damals noch nicht.

Als dann meine Monogamie in die Brüche gegangen war, verfiel ich ins andere Extrem und ließ die Sau raus. Dabei brach ich alle Regeln. Zum Beispiel auch die: Stecke nie den Füller in firmeneigene Tinte! Ich fing sogar was mit Trainingsteilnehmerinnen an. Ich dachte ja sowieso, mir gehört die Welt und leichte Beute fand ich überall.

Junge, Junge, ich hatte es ganz schön nötig. Verletztes Ego und Sucht nach Harmonie und Liebe gemixt mit Größenwahn, Geld und großer Klappe. Das heißt: Ich war für jede jederzeit zu haben. Ich war immer am Jagen. Ich hatte Erfolg, ich war bekannt, also hatte ich Groupies – und behandelte sie wie Groupies.

Bei mir hatte es ganz ungesund klick gemacht im Kopf. Ich ließ die Frauen spüren, wer die Macht hat. Wenig Geschenke. Wenig Wertschätzung. Ich habe die Mädels am ausgestreckten Arm verhungern lassen.

Funktionierte natürlich auch nicht gut. Meine verletzte Seele verheilte nicht. Und Klassefrauen bekommst du so nicht …

Ich brauchte eine Weile, bis ich aus den Extremen wieder rauskam. Die Machosprüche und die klugen Ratschläge um mich herum halfen keinen Meter weiter: Viel zu schnell zusammengezogen und geheiratet! – Quatsch. Würde das wieder so tun. Denn ob es passt oder nicht, merkst du doch erst, wenn du zusammenlebst.

Nein, was ich gelernt habe, jedenfalls nach einiger Zeit: Du musst auch um die Frauen nicht kämpfen. Wenn eine Partnerin keine Partnerin sein will, wenn sie also dir nicht den Rücken stärken will, sondern einen anderen Menschen aus dir machen will, der ihr besser passt, dann darfst du erkennen, dass es nicht passt und dich trennen. Dann ist das keine Niederlage und kein Versagen.

Und wenn du Anerkennung, Wertschätzung, Unterhaltung, Gesellschaft oder Sex haben willst, dann brauchst du nicht krampfhaft Mädels abschleppen. Es ist viel schöner und funktioniert besser, wenn du selbst andere Menschen anerkennst, wenn du selbst unterhaltend bist, wenn du selbst eine gute Gesellschaft bist und wenn du selbst sexy bist. Alles andere ergibt sich.

Und wenn dir irgendwann eine lieber ist als alle anderen – nicht schlimm, du darfst auch wieder eine feste Freundin haben. Und du tappst dabei nicht zwangsläufig in die nächste Falle. Entspann dich, Martin!

Das mit den Frauen war eine hammer Lerngeschichte für mich! Bis ich kapiert hatte, dass es dabei überhaupt nicht um die Frauen geht, sondern um mich selbst! Und wer weiß, vermutlich bin ich auch in dieser Hinsicht noch nicht durch die Uni des Lebens durch. Ich werde wohl vom lieben Gott immer mal wieder eine neue Lerngeschichte geschickt bekommen … z. B. heute, dass ich lernen darf, wie es ist einen Schatz gefunden zu haben, der die besten Seiten in mir wieder zum Vorschein bringt.

Mein Freund

Die schwerste Lerngeschichte der letzten Jahre schickte mir der liebe Gott im Gewand der Freundschaft. Vielleicht war das die Strafe dafür, dass ich am Anfang meines Wegs nach oben einige meiner Freundschaften nicht gut genug gepflegt habe – ich also nicht immer ein guter Freund gewesen bin. Ich weiß bis heute nicht genau, was die Geschichte soll.

Jedenfalls lernte ich vor gefühlten zehn Jahren einen eher unscheinbar wirkenden, kühlen, scheuen Kerl kennen, nennen wir ihn hier Mark. Er kam aus einem Branchenverband, bei dem die meisten Leute nach meinem Empfinden nur rumjammerten, huh, wie schlimm der Markt ist, huh, wie schlecht die Honorare sind, huh, und überhaupt. Ich dachte, Mann, ist das ein Verliererverein hier.

Aber der Typ, Mark, war ein guter Kontrast dazu. Er hielt bei uns im Club55 einen Vortrag, der hatte wirklich Zug drauf. Ich wurde hellhörig. Es ging um's Internet. Das fesselte mich. Noch während des Vortrags reservierte ich 30 Domains. Denn ich merkte: Der Typ kann was. Er war mit seiner Familie da, ich lernte alle kennen und hatte sofort einen Draht.

Daraus entwickelte sich schnell mehr. Wir stellten gemeinsam Veranstaltungen auf die Beine, tauschten unsere Dienstleister aus, schoben uns gegenseitig Seminarinhalte rüber, machten gemeinsame Meetings mit unseren Teams, gaben uns gegenseitig Feedback. Dabei wurde unsere Beziehung enger. In meiner Wahrnehmung war er ein richtig guter Freund geworden.

Wir gründeten zusammen eine Firma, hatten Erfolg damit, waren gemeinsam megastolz darauf. Er öffnete sich mir gegenüber immer mehr. In dieser Zeit wuchs er mir ans Herz.

Kompliziert an der Sache war natürlich, dass wir sowohl eine persönliche Ebene hatten als auch ein gemeinsames Business laufen hatten und auf einer anderen Ebene Konkurrenten im Business waren. Für mich war das aber nicht schwierig. Ich dachte: Wenn wir wirklich Freunde sind, dann können wir über alles reden. Und wenn du über alles reden kannst, dann kriegst du jede Welle gesurft und jeden Felsen umschifft. Dachte ich.

Weil wir Jungs sind, maßen wir uns auch miteinander: Wer macht den besseren Vortrag? Wer bekommt die besseren Feedbacks? Wer hat die höheren Honorare? – Das hat Spaß gemacht!

Und wir profitierten enorm voneinander. Wir ergänzten uns. Mark ist der strukturiertere, intelligentere Analytiker von uns beiden. Ich der lebendigere, emotionalere, verbal stärkere Infotainment-Mann. Wir waren ein saustarkes Team!

Doch irgendwann zogen Wolken auf. Ich habe das zu Beginn überhaupt nicht registriert. Geschweige denn kapiert. Ich habe nicht verstanden, dass Mark einige Dinge ganz anders bewertet und interpretiert hatte als ich.

Eines Tages stellte er in seiner Firma einen Mitarbeiter ein auf einen Posten, den wir für unser gemeinsames Ding einzurichten verabredet hatten. Ich fragte ihn: Du sach ma, kann das sein?

Damit hatte ich irgendwie den falschen Knopf gedrückt. Der stille See explodierte wie beim Dynamitfischen. Er schrie mich an: Ich bin Unternehmer! Ich kann machen, was ich will! Ich muss nicht alles mit dir machen! Ich muss mich nicht über alles mit dir abstimmen! – Alle Sätze begannen mit »Ich« und endeten mit einem Ausrufezeichen.

Wie ein begossener Pudel stand ich da, die Ladung war voll über mich drübergeschwappt und ich hatte nicht mit so was gerechnet. Mein erster Gedanke: Scheiße, was habe ich falsch gemacht? Was muss ich wieder gutmachen? – Dasselbe Muster wie damals bei meiner Exfrau.

Ich bin ja ein harmoniesüchtiger Mensch. Darum halte ich solche Situationen nicht aus. Gerade bei Menschen, die ich zu meinem inneren Kreis zähle, die für mich wichtig sind. Ich bin dann sofort in der Hand desjenigen der wütend, sauer oder gekränkt ist. Ab diesem Moment, waren wir nicht mehr auf Augenhöhe. Und je mehr ich krampfhaft versuchte, die Ebenen wieder herzustellen, desto schiefer rutschte das Bild.

Mark sammelte meine Verfehlungen und irgendwann hatte er eine Liste von zehn Punkten zusammen, die ich seiner Meinung nach falsch gemacht hatte. Zehn? Nein, hundert. Tausend. So fühlte es sich an. Die haute er mir regelrecht um die Ohren. Und zwar von jetzt auf gleich.

Einmal, in einem lichten Moment, gestand er mir, dass er Angst hatte, mir banale Dinge nachzumachen. Und er machte auch viel nach:

Wie ich mich anzog zum Beispiel, bei den Manschettenknöpfen, bei den Autos, bei den Visitenkarten, einfach bei vielen Dingen. Er sagte mir: Ich habe noch nie jemand so nah an mich rangelassen wie dich – und ich weiß nicht, ob mir das guttut. Rumms!

Das war wohl der Grund, warum er sich plötzlich gegen mich wehrte. Er wollte die Nähe zwischen uns zerstören, weil sie ihn irgendwie bedrohte. Aus irgendeinem Grund hatten wir uns ineinander verstrickt, ohne dass ich das geschnallt hätte oder etwas dagegen hätte tun können. Bei uns rasteten irgendwelche Muster gegenseitig ein, die für mich unübersehbar waren.

Heute ist mir jedenfalls klar: Er wollte nicht mein Freund sein. Warum auch immer.

Ich war völlig niedergeschlagen, merkte, da passiert was Schlimmes, aber ich war machtlos. Unnützerweise versuchte ich eine ganze Zeit, mir das alles schönzureden. Obwohl er immer distanzierter wurde, betrachtete ich ihn nach wie vor als meinen Freund und kämpfte um unsere Freundschaft, die mir lieb und teuer war.

Dann wurde es heftig. Mein Buch »Nicht gekauft hat er schon« kam raus und wurde ein Bestseller. Ich war in aller Munde. Und Mark ließ den ehemals sportlich-freundschaftlichen Wettbewerb, der zu einem aggressiven Gerangel geworden war mit ein paar Regelverstößen zu einem Kleinkrieg ausarten. Jedenfalls war das meine Wahrnehmung. Ich erspare uns allen die Details. Blauäugig wie ich bin, startete ich noch ein paar Gesprächsversuche. Ich brauche eben reichlich auf die Fresse, bis ich's endgültig kapiere.

Er sagte mir dann schon immer unmissverständlich, dass er Abstand haben will, dass er seine Ruhe vor mir haben will, dass er keinen Gesprächsbedarf hat und so weiter. Er war auch hier wie immer kühl und klar. Das muss ich ihm lassen.

Aber für mich war genau das schwierig auszuhalten. So ticke ich eben nicht. Mit solchen schwebenden Zuständen kann ich nicht umgehen, ich will das dann genau wissen: Was habe ich falsch gemacht? Und damit mache ich vermutlich alles nur noch schlimmer.

Viele haben mir gesagt: Jetzt lass den Mark doch endlich mal los!

Aber das konnte ich lange nicht. Vielleicht haben die alle auch nicht verstanden, dass ich um unsere Freundschaft wirklich getrauert und geweint habe. Ich glaube, es war noch mehr: Ich habe an dem Konzept »Freundschaft« überhaupt gezweifelt. Jedenfalls so, wie ich das abgespeichert hatte. Wenn diese Freundschaft kaputtgegangen war, konnte dann nicht jede Beziehung, die ich Freundschaft nenne, kaputt gehen? Und: Lag es daran, dass ich kein guter Freund sein kann? Schaue ich zuwenig hin? Bin ich zu verschwenderisch mit der Auszeichung »Freund«?

Mein Freundin sagte, ich sei zu vertrauensselig, würde immer zu viel Angriffsfläche bieten. Sollte mal mehr die Klappe halten. Vielleicht ist es das. Vielleicht sollte ich das lernen.

Aber andererseits: Ich sage halt, was ich denke. Bin halt klar und wahr. Und bezahle den Preis dafür. Das heißt, ich muss akzeptieren, dass ich damit immer wieder auf die Nase falle. Die Klappe halten – ich werde das nie lernen.

Und das ist gut so.

Aus dem Hinterhalt

Stattdessen muss ich eben lernen, die Schläge noch besser einzustecken. Im Stadion hatte ich erst kürzlich Gelegenheit dazu, das zu üben. Ein Kunde lud mich und meine Freundin ein nach Dortmund, wo meine Eintracht zur Schlachtbank geführt werden sollte. Das früher Westfalenstadion genannte Stadion ist das größte Deutschlands und eines der lautesten Stadien der Welt. Dort ist auch die berühmte »gelbe Wand« – die Tausende von Borussia-Fans auf den Stehplätzen der Südtribüne. Geiles Erlebnis das Ganze.

Ich hätte in meinem Kalender auch gerne eine Auslastung wie Borussia Dortmund: Das Stadion ist immer ausverkauft. Die Karten, die mein Kunde bekommen hatte, waren im Block 34, Westtribüne, Höhe Eckfahne. Aber direkt angrenzend an die gelbe Wand. Ich war fein mit dem Platz, rund um uns herum lauter gelbschwarz gekleidete, euphorisierte Menschen. Meine Freundin, selbst ein mindestens so großer Fußball-Fan wie ich und außerdem aus der Nähe von Dortmund stammend, freute sich wahnsinnig darüber, mal wieder in ihrem Heimatstadion sein zu können. Sie mit ihrem schwarz-gelben BVB-Schal, ich meinen schwarz-weiß-roten Eintrachtschal um den Hals. Eindeutig als Outsider gekennzeichnet. Kaum saßen wir, hörte ich auch schon die ersten Pöbeleien: Eintrachtwichser. Hessisches Arschgesicht. Dieser Stil eben.

Ich habe mal vom Präsidenten des größten Fanclubs der Münchner Bayern einen weisen Satz gehört: »Es ist mir egal, für wen du Fan bist. Für mich zählt, dass du Fan bist!«

Aber hier um uns herum war es mit der Weisheit nicht so gut bestellt. Es kam, wie es kommen musste: Dortmund schießt das erste Tor. Alle springen auf, ich bleibe sitzen, von hinten kommt ein Schwall Bier über mich.

Das ist super unangenehm. Und extrem unfreundlich. Und würdelos. Und feige. Aus dem Schutz der Mehrheit eine Minderheit angreifen. Haben wir eigentlich gar nichts gelernt? Lachen konne ich darüber nicht. Eigentlich wollte ich nur Fußball gucken.

Das zweite Tor fällt. Noch ein Bier übern Kopp. Ich denk, jetzt ist aber gut.

Das dritte Tor fällt, ich dreh mich sofort um, um zu sehen, welches Arschloch nicht an sich halten kann. Meine Freundin wollte sich auch schon auf den Übeltäter werfen. Aber nix passiert. Entweder war das Bier alle oder wir haben sehr böse ausgesehen.

Von Dumpfbacken aus dem Hinterhalt überfallen werden, das passiert mir öfter, auch im Business. Das Stadion dafür heißt Amazon, die Bierduschen heißen Verrisse: Wenn du einen Bestseller hast und die meisten Menschen dein Buch toll finden, dann bekommst du viele Leserbewertungen mit fünf Sternen. Und immer auch ein paar mit einem Stern, der niedrigsten Bewertung. Du kannst es eben nicht allen recht machen. Manchen fehlt das Stichwortregister, andere haben ein persönliches Problem mit mir. Sie kritisieren dann die »Selbstbeweihräucherung«, schreiben in Fäkalsprache und putzen dich ordentlich runter. Alle diese Rezensenten schütten ihre Bierduschen aus der Anonymität des Internets, denn sie geben dabei ihren Namen nicht an.

Damit musst du lernen umzugehen. Früher hätte ich mich bei einer unsachlichen, unfairen, widerlichen Leserzuschrift kaum zurückhalten können. Am liebsten hätte ich mich dann auf das Niveau des Schmierfinks herabgelassen und ihm mit einer Antwort auf seinem Spielfeld die Stirn geboten: Was fällt dir ein, du dumme Sau, so einen Scheiß zu schreiben!

Aber wenn du vor einer anonymen Masse so nackt dastehst wie als Autor, dann bringt das alles nichts. Gottseidank wächst du ja an deinen Herausforderungen. Heute denke ich: Ach wieder einer. Schreib du mal …

Im Ertragen bin ich immer noch nicht gut. Aber ich bin besser geworden.

Kurz vorm Krepieren

Ich weiß schon: Eine Nacht drüber schlafen hilft auch. Und nichts wird so heiß gegessen, wie es gekocht wird. Und all die Sprüche. Aber wenn mich was wirklich angreift, dann nehme ich das schnell sehr persönlich. Wenn ich auch die einfachen Ärgernisse des Lebens mittlerweile locker wegstecke, bin ich bei den großen Sachen noch immer sehr dünnhäutig. Ich bin eben ein Typ, dem manche Sachen an die Nieren gehen.

Wenn schon ein guter Freund nicht will, dass du nach oben kommst, dann gibt es nur noch eine Steigerung: Dass dein Körper dich flachlegt und dafür sorgt, dass du nicht mehr aufstehst.

Ich war mal bei einem Kunden, da hatten wir abends noch Spaß. Wir gingen Eisstockschießen und Glühwein trinken. Am nächsten Morgen hatte ich beim Wasserlassen ein Verfärbung im Urin. Ich dachte, das ist vielleicht der Rest von dem Glühwein oder so. Aber das ging den ganzen Tag so weiter und ich wurde unruhig. Abends rief ich vom Auto aus meine Heilpraktikerin an. Die macht auch chinesische Medizin und ist darum in der Diagnostik sehr stark. Sie stellte mir nur ein paar Fragen und sagte dann: Du hast Nierensteine.

Nierensteine? Wie willst du das am Telefon erkennen?

Du hast Nierensteine. Geh zum Arzt!

Also ging ich zu einer Urologin. Super Privatpraxis, Tausende von Urkunden an den Wänden und so. Sie untersucht meinen Urin, macht Ultraschall und noch einiges mehr und sagt: Sie haben keine Nierensteine.

Stattdessen: Prostata untersuchen. Und eine Blasenspiegelung wollte sie auch machen.

Ab dem Moment hatte ich echt die Hosen voll. Denn sie erklärte mir natürlich auch, was mit so einer Prostata alles passieren kann. Und was bei einer Blasenspiegelung so alles schiefgehen kann. Da können nämlich so ein paar für lebensfrohe Männer wie mich wesentliche Dinge kaputt gehen.

Aber ich ging tapfer ins Krankenhaus und machte eine Blasenspiegelung. Das war für mich wie: Du musst mal Probehängen am Galgen. Aber ohne Befund. Die Brüder und Schwestern fanden schlichtweg überhaupt gar nichts. Ich wurde für gesund erklärt.

Ein paar Tage später bekomme ich abends Schmerzen. Schmerzen! Ich hatte mir in meinem Leben nicht vorstellen können, dass es solche Schmerzen gibt. Ich hielt das nur noch aus, wenn ich den ganzen Körper anspannte. Ich bekam Durchfall, musste mich erbrechen, bekam hohes Fieber, das volle Programm. Mein Körper drehte durch, ich dachte, ich muss elend krepieren.

Notarzt, Krankenhaus. Ein Weißkittel sagt: Blinddarm. Ein anderer sagt: Quatsch. Ich keuche: Nierensteine. Ein dritter sagt: Quatsch.

Dann kommt der Chefarzt und sagt nach einer Weile: Ich finde nichts. Da ist nichts zum Operieren.

Ich sage: Tut mir leid. Würde Ihnen gerade so gerne Umsatz machen.

Das bringt sie auf eine Idee: Sie schieben mich noch in ein superteures MRT, das will ja auch bezahlt sein, aber sie finden nichts.

Irgendwann ließen die Schmerzen nach, ich wurde wieder für gesund erklärt und nach Hause geschickt.

Meine Heilpraktikerin blieb hartnäckig: Martin, auch wenn die nichts finden, glaub mir: Du hast Nierensteine.

Ja, aber warum finden die dann nichts?

Die finden was, wenn sie dich unter ein ganz normales, altes Röntgengerät legen. Und zwar so: Schau, du musst schräg liegen.

Ein paar Wochen später verließ ich zum ersten Mal in meiner Karriere wegen Krankheit meine Teilnehmer im Training. Ich bekam wieder die gleichen Symptome. Nur diesmal gefühlt doppelt so stark. Das heißt: Ich klappte zusammen. Keine Chance, den Helden zu spielen. Mein Sales Manager fuhr mich sofort ins Krankenhaus. Notaufnahme, Ultraschall. Wieder der ganze Mist von vorne. So gut ich konnte, machte ich diesmal Terror. Ich presste zwischen den Zähnen heraus: Röntgen!

Die Ärzte schüttelten den Kopf. Versuch mal Autorität aufzubauen, wenn du dich vor Schmerzen auf einer Liege krümmst und windest und kaum Luft bekommst. Irgendwie schaffte ich es, auf einem ganz normalen Röntgengerät zu bestehen, mich darunter schräg hinzulegen, wie meine Heilpraktikerin es mir gezeigt hatte und … Bingo! Da waren sie: zwei Nierensteine.

Ich wurde unter Vollnarkose gesetzt, die Steine wurden geholt. Fertig.

Was war die Lernkurve bei dem ganzen Drama? – Erstens: Ich bin doch nicht unsterblich. Ich hatte es genau gespürt …

Zweitens: Irgendwas schlägt mir gewaltig auf die Nieren.

Drittens: Ich muss offenbar viel vorsichtiger mit mir selber umgehen.

Viertens: Nur weil einer einen weißen Kittel anhat und auf seinem Namensschild »Dr. med.« vor dem Namen und »Chefarzt« unter dem Namen stehen hat, heißt das nicht, dass er alles weiß oder immer recht hat. Du kommst nackt und alleine auf die Welt und du gehst nackt und alleine von dieser Welt. Und dazwischen ist alles nur geliehen.

Und fünftens: Ich neige zum Übertreiben.

Weiter nach oben

Du kannst es auch anders interpretieren: Eigentlich bin ich noch immer viel zu weich.

Und noch immer panisch. Die Existenzangst bekomme ich wohl nicht mehr weg. Jedes Jahr dasselbe: Bekomme ich den Kalender voll? Wird es auch im 24. Jahr meiner Selbstständigkeit gutgehen? Ich habe dann einfach überhaupt kein Gefühl mehr dafür, dass es ja 23 Jahre lang gutgegangen ist.

Ich will's immer noch wissen. Bin noch immer mit Herzblut dabei. Ich will noch weiter nach oben. In Amerika als Deutscher auf die Bühnen kommen, das ist eine Herausforderung.

Noch immer ist es so, dass ich morgens nicht deshalb aufstehe, weil die Blase voll ist, sondern weil ich noch was vorhabe.

Nach oben kommen, ist immer relativ. Wer ist oben? Und wer definiert das? Ich sage immer: In meinem Markt bin ich die kleinste Nummer. Nämlich die Nummer eins. Und das mit was? Mit Recht. Aber mal ehrlich: Das hängt doch nur davon ab, wie du die Grenzen deines Marktes ziehst. Fasst du sie weiter, dann bist du auch schon nicht mehr die Nummer eins, zwei oder drei. Wenn ich mich mit den großen Rednerstars in den USA vergleiche, bin ich ein kleines, fahles Lichtchen in irgendeiner entlegenen Weltgegend.

Wer also ist die Nummer eins? Wer bekommt das meiste Honorar? Wer hat den besten Bestseller? Wer holt die meisten Buchpreise? – Das ist doch alles Schwachsinn!

Ich brauche nicht mehr nach oben kommen, um mir oder anderen etwas zu beweisen. Ich brauche nicht nach oben, um dort das Glück zu finden. Das Glück liegt auf dem Weg nach oben.

Und all das, was dir auf dem Weg passiert, alle Menschen, die sich dir entgegenstellen, all die Hans-Jochens, die Erkans, die Torstens und die Marks in deinem Leben sind nur deine Lehrmeister.

Ich lege mir nach wie vor die größten Steine selber in den Weg. Je schwieriger ein Kunde zu akquirieren ist, desto lauter schreie ich: Hier! Und auf der Bühne gehe ich ans absolute Limit meiner Fähigkeiten.

Mein Leben wird mir auch weiterhin noch so manchen Menschen schicken, der verhindern will, dass ich nach oben komme. Je weiter ich komme, desto mehr nimmt die Qualität der Aufgaben zu, die ich zu lösen habe.

Und endlich habe ich auch verstanden, warum keiner will, dass du nach oben kommst. In Wahrheit wollen das ganz viele! Heute sehe ich's: Meine Eltern wollen nur das Beste für mich. Und sie sind mir fantastische Vorbilder. Sie sind seit über fünfzig Jahren ein Paar und halten immer noch Händchen. Wenn sie zusammen sind – und sie sind eigentlich immer zusammen – sehen sie zehn Jahre jünger aus. Jetzt verstehe ich, was das für eine Leistung ist.

Mein Sohn, das größte Geschenk meines Lebens, steht fest an meiner Seite.

Mein Bruder, den ich sehr liebe, ist einer, auf den ich hören kann.

Meine Schwester, die liebenswerte Kratzbürste, an der ich mich reiben darf, um zu wachsen.

Meine Freundin, die Liebe meines Lebens, ist die erste Frau, die mich einfach so lassen kann, wie ich bin.

Meine beiden engsten Freunde, der eine mein langjähriger Gefährte aus Gärtringen, der andere seit 15 Jahren mein zuverlässiger Seelenspiegel aus Berlin. Die beiden sind immer für mich da. Und jeder Zoff hat uns noch enger zusammengebracht – nicht weiter auseinander. Daran kannst du wahre Freundschaften erkennen.

Mein Businesspartner, Toptrainer in meinem Team, mein Sales Manager – einer der loyalsten Menschen, die ich kenne –, meine Reise- und Seminarmanagerin und Seele meines Büros, meine PR-Frau, mein Buchberater und viele, viele mehr – das sind alles langjährige und hundertprozentig verlässliche Partner und Freunde, die mir die Stange halten und mich mit ihrer überwältigenden Loyalität beeindrucken.

Viele meiner Kunden, die mich seit vielen Jahren begleiten, viele Kollegen, die sich mit mir über meine Erfolge freuen und mir die Daumen drücken. Meine Heilpraktikerin, die für mich eine heilige Praktikerin ist, der ich beim Thema Gesundheit mehr vertraue als irgendjemandem sonst. Da sind so viele!

Früher habe ich das alles nicht gut sortiert bekommen. Heute kann ich sie alle auf einmal sehen. Ich kann wertschätzen, wie viele Menschen es um mich herum gibt, die mir wohlgesonnen sind. Und so ist das: Wenn sich dir Leute in den Weg stellen, dann ist das nichts anderes als eine Art Fernsehübertragung einer Aufführung im Theater deines Kopfes.

Die Wahrheit ist: Du kannst dir nur selber im Weg stehen!

Ob du nach oben kommst oder nicht, dafür ist nur ein einziger Mensch verantwortlich: Du selbst!

Über den Autor

Martin Limbeck ist einer der profiliertesten und erfolgreichsten Redner und Business-Trainer im deutschsprachigen Raum. In den letzten Jahren sammelte er Auszeichnungen wie kein zweiter unter Deutschlands Profi-Rednern: »International Speaker of the Year 2012«, »Europäischer Trainer des Jahres 2011«, »Certified Speaking Professional (CSP)«,» Finalist Trainerbuch des Jahres 2011«, »Conga Award 2009 und 2010«, »Trainer des Jahres 2008«, »Top Speaker of the Year 2014« und viele weitere mehr. Er ist Dozent an der ESB Business School in Reutlingen, der Steinbeis-Hochschule in Berlin und der Universität St. Gallen. Derzeit erobert er auch den englischsprachigen Rednermarkt.

Nicht nur als außergewöhnlicher und kantiger Redner auf der Bühne, sondern auch durch seine stetige Präsenz in den Medien steht

Martin Limbeck in der Öffentlichkeit, beispielsweise bei Sandra Maischberger oder in »Die große Reportage« auf RTL, in NRW TV, im SWR, in der FAZ, im Handelsblatt oder im ManagerMagazin sowie auf Facebook, Twitter, Xing oder Youtube.

Auch als Autor hat er ein breites Publikum erobert: Sein bislang größter Erfolg im Buchmarkt ist der Bestseller *Nicht gekauft hat er schon – So denken Top-Verkäufer*. Das Buch ist seit über drei Jahren Dauergast in den Bestsellerlisten und erzielte ein überragendes, euphorisches Leser- und Medienecho.

Bei allem Erfolg ist Martin Limbeck mit beiden Beinen auf dem Boden geblieben. Seine Familie ist ihm heilig. Zum Abschalten bevorzugt er die Ruhe der Natur, die er beim Angeln, beim Laufen, beim Mountainbiking und Skifahren genießt. Außerdem betreibt Martin Limbeck regelmäßig Fitness- und Boxtraining. Fußball begeistert ihn als eingeschworener Eintracht-Frankfurt-Fan.

Mehr Infos unter www.martinlimbeck.de